三峡库尾卵砾石输移规律及航道治理技术

杨胜发　张　鹏　肖　毅　胡　江　田　蜜　著

人民交通出版社

北京

内 容 提 要

本书针对当前三峡水库库尾航道整治技术面临的测量技术限制与理论体系不足问题，深入剖析了新水沙条件下卵砾石推移质的运动机理，特别是洪水期与消落期的卵砾石输移过程及其对航道演变的影响，进而探讨了库区航道淤积、深槽淤高等问题，预测了未来 30 年航道的变化趋势，并提出了适应新航道变化形势下的治理维护技术。

本书适合水利工程、航道管理、河流动力学等领域的科研人员、工程师及政策制定者阅读参考。

图书在版编目(CIP)数据

三峡库尾卵砾石输移规律及航道治理技术 / 杨胜发
等著. — 北京 : 人民交通出版社股份有限公司, 2025.
1. — ISBN 978-7-114-19713-0

Ⅰ. TV145；U617

中国国家版本馆 CIP 数据核字第 2024CT7449 号

书　　　名:	三峡库尾卵砾石输移规律及航道治理技术
著 作 者:	杨胜发　张　鹏　肖　毅　胡　江　田　蜜
责任编辑:	崔　建
责任校对:	卢　弦
责任印制:	张　凯
出版发行:	人民交通出版社
地　　址:	(100011)北京市朝阳区安定门外外馆斜街 3 号
网　　址:	http://www.ccpcl.com.cn
销售电话:	(010)85285857
总 经 销:	人民交通出版社发行部
经　　销:	各地新华书店
印　　刷:	北京建宏印刷有限公司
开　　本:	720×960　1/16
印　　张:	14.25
字　　数:	249 千
版　　次:	2025 年 1 月　第 1 版
印　　次:	2025 年 1 月　第 1 次印刷
书　　号:	ISBN 978-7-114-19713-0
定　　价:	98.00 元

(有印刷、装订质量问题的图书,由本社负责调换)

前言

　　三峡水库作为长江上游航运重要节点的水利枢纽,库区河道泥沙冲淤及其航道整治是三峡工程泥沙研究的重要课题之一。三峡水库实际运行后,水沙条件发生大幅变化,入库推移质显著减少,库尾航道在消落期富裕水深变化敏感,卵砾石短时间输移或淤积易引起航深的不足。因此,揭示三峡库尾卵砾石推移质运动机理,了解新水沙条件下三峡水库库区卵砾石推移质输移规律,分析未来30年三峡库尾航道变化趋势及特点,提出重点河段的治理和维护技术,是三峡工程泥沙研究的重要课题之一。

　　本书主要内容包括:大型天然河流卵砾石运动观测设备的研发、三峡变动回水区推移质运动规律的研究、三峡入库推移质沙量变化及与输移过程预测、三峡变动回水区重点河段维护治理方案研究。在内容安排上,通过室内试验和原型观测,开发并验证了基于压力法和音频耦合的卵砾石输移实时监测系统;从三峡水库试验性蓄水以来,库尾水动力条件发生变化出发,通过对三峡水库泥沙原型测量资料的分析,获得库尾碍航的初步认识性观点;基于三峡库尾推移质输移特性的研究,构建了三峡库尾航道平面二维水沙数学模型,预测了推移质沙量变化及输移过程;基于三峡变动回水区推移质运动规律成果,提出三峡变动回水区重点河段航道治理措施。

　　本书第1章由杨胜发、胡江编写;第2章由田蜜、张鹏、金健灵、王永强编写;第3章由杨胜发、张帅帅、谢青容、张燃钢编写;第4章由肖毅、胡江、廖江花、吴锦钢编写;第5章由张帅帅、胡江、杨瑾、许克勤编写;第6章由杨胜发、张鹏编写。全书由杨胜发、张鹏统稿并审核。作者在编写本书过程中,得到了刘兴年教授和刘怀汉正高级工程师的热情帮助和大力支持,在此表示由衷感谢。

由于作者水平有限,书中不足和错误之处在所难免,敬请广大读者批评指正。

作　者

2023 年 8 月

目录

第1章

概述

1.1 研究背景及意义

1.1.1 研究背景

自 2003 年三峡水库蓄水以来,库区河段河床主要以淤积为主。2003 年 3 月—2018 年 12 月,库区干流累计淤积泥沙 14.834 亿 m³,其中,变动回水区累计冲刷泥沙 0.741 亿 m³,常年回水区淤积量为 15.575 亿 m³。水库淤积主要集中在清溪场以下的常年回水区,其淤积量占总淤积量的 93%,朱沱—寸滩、寸滩—清溪场库段淤积量分别占总淤积量的 2% 和 5%。随着长江上游来沙量的减少,库区的泥沙淤积强度于 2014 年以来呈现减缓的态势。2014—2017 年,入库来沙量降至 2013 年的 27% ~44%,引起库区泥沙淤积速度放缓,库区淤积总量降至 2013 年的 33% ~48%。

库区方面,自三峡水库蓄水以来,随着三峡蓄水水位抬高,重庆羊角滩至三峡大坝间的库区航道条件大为改善,航道维护尺度也逐步提高,航道最小维护水深由 2.9m 提高至 3.5~4.5m,航道宽度由 60m 提升至 100~150m。但库区航道也存在一些不利变化,如常年库区局部区段呈现大面积、大范围持续、快速、累积性淤积,导致部分航道如黄花城、兰竹坝、丝瓜碛等水道出现边滩扩展、深槽淤高、深泓摆动、航槽易位等不利变化趋势。变动回水区方面,由于蓄水后随着水位抬升,泥沙淤积也一直在不断发展,已经出现卵砾石累积性淤积趋势。尽管淤积发展相对较缓,但淤积造成边滩发展,不断挤压主航道,给航道条件带来不利影响。

1.1.2 研究意义

三峡水库作为长江上游航运重要节点的水利枢纽,库区河道泥沙冲淤及其航道整治是三峡工程泥沙研究的重要课题之一。三峡水库实际运行后,水沙条件发生大幅变化,入库推移质显著减少。根据库区海损事故的统计,三峡库尾在水动力条件发生转化过程的消落期,某些河段易出现碍航现象,通过对三峡水库泥沙原型测量资料的分析,获得了对库尾碍航的初步认识:库尾航道在消落期富裕水深变化敏感,卵砾石短时间输移或淤积易引起航深不足。三峡水库变动回水区航道整治的关键是对卵砾石推移质运动机理的认识,特别是对三峡库尾河段的洪水期、消落期的卵砾石输移过程、航道演变过程及对航槽影响作用等问题的掌握。目前受制于卵砾石测量技术,对于卵砾石输移过程的实测资料仍然缺乏,限制了人们对卵砾石推移质运动机理的认识以及理论体系对推移质输移规律的定量描述,这是库区航道整治亟待解决的问题。

因此,科学揭示新形势水沙条件下三峡水库库区卵砾石推移质输移规律,分析未来 30 年三峡库尾航道变化趋势及特点,提出重点河段的治理维护技术,是三峡工程泥沙研究的重要课题之一。

1.2 研究目标

(1)研发三峡库尾卵砾石运动原型观测设备,该设备的最大工作水深可达 30m,可工作最大流速为 6m/s,可实时监测粒径为 1~10cm 的卵砾石输移情况。

(2)掌握三峡库尾推移质输移规律,揭示干支流突发洪水导致的推移质淤积碍航机理。

(3)预测未来 30 年三峡库尾推移质运动对变动回水区航道条件的影响。

(4)提出三峡变动回水区重点河段航道治理措施,确保研究成果应用后使航道通过能力提高 3% 以上。

1.3 研究内容

研究内容主要包括大型天然河流卵砾石输移原型监测系统研发、三峡变动回水区重点航道卵砾石推移质运动规律研究、三峡库尾入库推移质来量与输移过程预测技术研究、三峡变动回水区新航道标准下重点河段治理措施研究四个方面。

1)研究内容 1:大型天然河流卵砾石输移原型监测系统研发

(1)卵砾石运动压力信号分析。

基于传统卵砾石监测的坑测法,研发实时在线的高强度卵砾石输移时压力变化监测方法,开展室内试验卵砾石运动压力信号监测试验,分析卵砾石运动的输移量、堆积厚度以及输移状态等,构建压力信号特征参数与卵砾石输移量的关系。

(2)卵砾石运动音频信号识别与分析。

针对天然河流低输沙强度情况,研究基于卵砾石运动音频的监测方法与数据分析技术,从声学角度研究卵砾石运动声音片段的识别与提取方法,研究卵砾石声音信号的峰值频率、基音频率和能量特征向量等声学特征参数与卵砾石形状以及运动速率等关系,进一步构建卵砾石音频信号特征参数与卵砾石输移量的关系。

(3)压力-音频耦合的卵砾石输移实时监测系统。

针对天然河流卵砾石输移时空分布不均匀、卵砾石运动强度差异大的情况,拟将压力法监测卵砾石大量运动与声频法监测卵砾石少量运动相结合,从硬件和软件两方面研发一套压力与音频耦合的卵砾石输移实时监测系统,实现天然河流中卵砾石运动过程的实时在线监测。

2)研究内容2:三峡变动回水区重点航道卵砾石推移质运动规律研究

(1)三峡库尾推移质运动规律研究。

开展三峡变动回水区长寿、洛碛、广阳坝、胡家滩、猪儿碛、三角碛六个重点河段的推移质运动原型观测以及地形测量,结合典型河段(长寿、洛碛、广阳坝)物理模型的推移质输沙带试验,分析三峡库尾推移质输移过程的水动力响应机制,研究典型年洪枯水条件对推移质运动的影响作用,获得典型河段推移质群体输沙带在不同水流条件下的运动特性。分析库尾重点河段消落期与洪水期的卵砾石推移质运动响应过程,得到三峡库尾推移质输移规律,获得三峡变动回水区推移质输移影响下航道变化特点。

(2)干支流突发洪水的卵砾石推移质局部淤积碍航机理。

通过对三峡变动回水区长寿、洛碛、广阳坝、胡家滩、猪儿碛、三角碛六个重点河段的水位同步测量,结合六个河段推移质运动观测与地形测量资料,分析不同汇流比条件对库尾河段推移质冲淤变化的影响,获得推移质回淤的水流指标,研究突发洪水条件下推移质-水动力运动响应过程,得到河段局部淤积碍航的关键机理。

3)研究内容3:三峡入库推移质沙量变化和输移过程预测及其对航道影响研究

(1)三峡入库卵砾石推移质来量研究。

基于推移质颗粒流数值模拟技术,模拟卵砾石推移质从宜宾至三峡入库的运动过程,量化三峡库尾卵砾石推移质的来量,分析卵砾石推移质的来源可靠性,为研究未来30年泥沙对航道影响提供数值计算的边界条件。

（2）三峡水库库尾推移质输移变化预测及对航道影响。

基于三峡变动回水区推移质输移规律研究，从内在动力机制出发提出库尾推移质输移动力学模式，构建适用于三峡库尾推移质运动的数值模型，通过模拟2003—2017年三峡库尾河段的冲淤变化过程对所构建模型进行验证。综合考虑长江上游产沙、上游水库群运行以及三峡水库区间支流水沙变化趋势等因素影响，研究典型系列年选取的可行性，提出恰当的典型年作为库尾河段冲淤趋势预测的进出口边界条件。基于三峡库尾平面二维推移质运动数值模型开展未来30年变动回水区推移质运动与冲淤变化的预测计算，分析典型年下洪水期与消落期推移质输移变化特性（强度、位置以及输沙带路径等），着重分析库尾河段枯水及突发洪水条件下航槽内的卵砾石输移和淤积特征，研究推移质时空运动特性对航道的影响及航道变化的新特点。

4）研究内容4：三峡变动回水区新航道标准下重点河段治理措施研究

（1）三峡变动回水区重点河段维护方案研究。

根据三峡库尾推移质运动与输沙带规律研究和推移质变化预测及其对航道影响研究以及航道变化新特点，结合重点河段（胡家滩、猪儿碛、三角碛）的回淤能力确定重点河段备淤深度，合理确定变动回水区重点河段（胡家滩、猪儿碛、三角碛）维护时机。

（2）三峡库尾重点河段4.5m航道整治措施研究。

根据三峡水库变动回水区及库尾推移质运动过程、输沙带等运动规律与航道变化新特点，在总结和分析重点河段航道条件变化特性和推移质运动特性的基础上，揭示重点河段（长寿、洛碛、广阳坝）的碍航机理；开展三峡变动回水区长寿、洛碛、广阳坝重点河段的航道整治物理模型研究，提出重点河段（长寿、洛碛、广阳坝）航道整治措施，研究工程实施后航道推移质回淤问题，优化长寿、洛碛、广阳坝滩段的整治措施。

第2章
卵砾石输移实时同步监测系统研发

天然河流卵砾石的运动存在时间与空间的随机性、卵砾石运动强度变化范围较大。为了适应不同强度的卵砾石输移量监测,在传统坑测法的基础上,增加压力传感器,研发了适用于输沙强度较大时的卵砾石输移压力实时监测技术;针对低强度的卵砾石输移运动,采用水下高保真音频记录仪,录制卵砾石颗粒运动的声音,基于试验率定研究了适用于较低输沙强度的卵砾石输移音频实时监测技术;最后,结合压力法与音频法的优势,研发了耦合的卵砾石输移实时监测系统。

2.1 基于压力变化的卵砾石输移实时监测方法研究

2.1.1 压力传感器的选取

1)压力传感器类型

为了实现水下称重,选取了三种精度较高的传感器进行水下试验,根据试验结果以及试验环境的适用性来选取合适的传感器。

(1)柱式 BTY-K 传感器。

柱式传感器采用 S 形柱式作为弹性体,具有精度高、强度好、稳定性好、互换性好等特点,配以数字测量仪,广泛应用于天车秤、料斗秤、过程控制等的测量以及地磅、轨道衡、轴重秤及地上衡。

柱式传感器具有较宽的工作温度范围、较高的过载范围、高重复性和完善的线性。较宽的工作温度范围归因于其特殊的应变片技术。它采用密封焊接外壳和特殊热塑性弹性体(TPE)绝缘屏蔽电缆,传感器即使在极端恶劣的工作环境中也能使用。整个测量链无须相应的砝码就能校正。由于其匹配输出技术,即使更换损坏的传感器也不需要重新校正,节省了大量的调试时间。

对于每毫米的位移,传感器的顶部都会沿着垂直轴转动,水平方向恢复0.5%的载荷力;柱式 BTY-K 模块采用全不锈钢外壳,测量元件用密封膜密封,该传感器能在 1.5m 深水下工作 10000h,结构坚固、感应灵敏。

(2)悬臂梁式 SQC-A 传感器。

SQC-A 称重传感器为悬臂梁结构,优质合金钢材质,一端固定,一端加载,可自动调平稳式压头传递压力,具有良好的密封结构(胶封和激光焊接密封)。受力后自动调心,安装容易,使用方便,互换性好。SQC-A 传感器主要用于制作电子地磅、电子平台秤、电子台秤、电子单轨吊秤、地上衡、料斗秤等。

(3)轮辐式称重(LF-B)传感器。

轮辐式称重传感器采用轮辐式弹性体结构,其利用圆平板的弯曲应力,属弯曲型正应力传感器。传感器下面 4 个螺孔与螺钉配合起固定作用,当重力施加到圆板上,会压缩圆板使之向下变形,空腔内的应变片将该微小的变形转化为电阻的改变。然后,电阻的改变经过信号转换电路,即可将受到的压力转化为电量输出,从而实现称重的目的。轮辐式称重传感器的主要特点是:结构简单,体积小,高度低;抗侧向荷载及偏心荷载能力较强;便于防护密封,结构对称,几何外形为圆形,易于加工。轮辐式称重传感器广泛应用于工业系统中力的测量和天车秤、轨道衡、料斗秤等各种称重、测力的工业自动化测量控制系统。

2)选取合适的压力传感器

(1)传感器量程选取。

传感器的量程范围很广。量程选取偏小,可能损坏传感器;量程选取偏大,测量数据分度值不能满足精度要求。应结合实际情况,选取适宜的量程。

(2)传感器类型的选取。

传感器按工作原理不同大致分为两类:一是受水压力影响的中空柱式传感器,二是不受水压力影响的悬臂梁式传感器。

因江面活动多,船舶过往频繁,水面波动大,柱式传感器易受影响,而对于悬臂梁式传感器,其受力感应工作原理不同于柱式传感器,不易受水面的波动的影响,因此得到的数据更为平滑、可靠。

因此,经柱式 BTY-K 传感器和悬臂梁式 SQC-A 传感器两种传感器的试验比较,在野外使用时,选用悬臂梁式 SQC-A 传感器。

2.1.2 密封材料的选取

试验所选用的传感器精密度较高,因此在水下很容易受到环境的干扰。为防止仪器遭到损坏,必须做好水下密封措施。在汛期,河道水流条件比较恶劣,水流湍急,挟沙率大,传感器容易受到冲击,而且在水中浸泡时间久容易生锈,导致观测精度不准确。为解决这一难题,选择在传感器外围涂防水涂料,初步选取了两种防水涂料,即911聚氨酯防水涂料和丙凝防水防腐材料,通过试验选取适合的涂料。

1)密封材料1——911聚氨酯防水涂料

911聚氨酯防水涂料是一种双组分反应固化型合成高分子防水涂料,组分一是由聚醚和异氰酸酯经缩聚反应得到的聚氨酯预聚体,组分二是由增塑剂、固化剂、增稠剂、促凝剂、填充剂组成的彩色液体。使用时,将甲、乙两组分按一定比例混合,搅拌均匀后,涂刷在需施工的基面上,经数小时后经常温交联固化形成一种具有高弹性、高强度、耐久性的橡胶弹性膜,从而起到防水作用。其防水效果显著,黏结力强,并且拉伸性能好。

该防水材料适用性广,常用于混凝土、木、钢、石棉瓦等结构的屋面,主要用于厨房、卫生间、阳台、地下室、水池、露台、游泳池、仓库、隧道、木地板防潮、地暖防水,以及各种吸水量的瓷质砖、水泥基层的粘贴楼层墙壁等专业防水处理。

2)密封材料2——丙凝防水材料

丙凝防水材料又叫丙凝防水防腐材料,环保、无毒性,是一种高聚物分子改性基高分子防水防腐材料,是由引入进口环氧树脂改性胶乳加入国内丙凝乳液及聚丙烯酸酯、合成橡胶、各种乳化剂、改性胶乳等所组成的高聚物胶乳。丙凝防水防腐材料是加入基料、适量化学助剂和填充剂,经塑炼、混炼、压延等工序加工而成的高分子防水防腐材料,它选用进口材料和国内优质辅料,按照国家行业标准最高等级批示生产,寿命长、施工方便,长期浸泡在水中的寿命在50年以上。

用丙凝防水防腐材料配制的水泥砂浆具有良好的耐蚀性、耐久性、抗渗性、密实性、极大的黏结力以及极强的防水防腐效果,可耐纯碱生产介质、尿素、硝铵、海水、盐酸及酸性盐腐蚀。它与砂、普通水泥或特种水泥配制成水泥砂浆,通过调和水泥砂浆浇筑或喷涂、手工涂抹的方法,在混凝土表面形成坚固的防水防腐砂浆层,属刚韧性防水防腐材料。它与水泥、砂混合可使灰浆改性,可用于建筑墙壁及地面的处理及地下工程防水层。

2.1.3　密封性检验试验

同时采用两种防水涂料进行密封性试验,通过试验结果判断防水涂料的适宜性,并确定最佳的防水涂料。

密封性是影响水下试验的关键因素之一,因此先将防水材料喷涂在传感器上。安装并标定好传感器设备后,将仪器放入1.7m深的水池中进行密封性检验试验。具体试验方案如下。

1)柱式传感器

如图2-1所示,首先,在柱式传感器上涂上一层很厚的防水材料,数日过后组装好仪器,标定完成后,选取20kg的砝码作为称重的试验对象。然后,将仪器放入1.7m深的水池中,隔日后取出,观察并称重,之后再将称重器放入水池,定期取出并称量标准砝码的质量。最后,通过分析所有记录的数据来判断密封材料的优劣。

图2-1　传感器防水涂层

水池中的压力 $F = P_h \cdot S = 32.69(\mathrm{N})$,式中$P_h$为水池中1.7m深处的静水总压力,$P_h = \rho g h = 1 \times 10^3 \times 9.81 \times 1.7 = 1.666 \times 10^4(\mathrm{Pa})$;$S$为传感器承受压力的表面积,$S = \pi r^2 = 3.14 \times 0.025^2 1.9625 \times 10^{-3}(\mathrm{m}^2)$;因此,仪表显示数据为:32.69/9.8 = 3.3(kg)。柱式传感器在水下时会受水压的影响,显示器显示的结果为传感器所在水深处的水压。

2)悬臂梁式传感器

与柱式传感器的试验步骤一样,组装好的仪器如图2-2所示。悬臂梁式传感器在水下时不受周围水压的影响,直接将加载端的压力转换为电信号传输到显示器上。传感器在水中空载时,显示器显示为0,将20kg的砝码加载到传感器称重端时,显示器显示 20kg。可见传感器在水下的称重效果稳定,感应灵敏,满足试验要求。

图 2-2　悬臂梁式传感器标定、密封试验

2.1.4　长距离信号无损传输

在野外实测时,测量处与控制室的距离较远,因此,必须要确保传感器的电子信号能长距离无损传输,才能得到准确的观测结果。试验采用 1000m 的 RS485 通信电缆,RS485 最大无中继传输距离为 1200m。

野外输移量实时监测系统如图 2-3 所示。

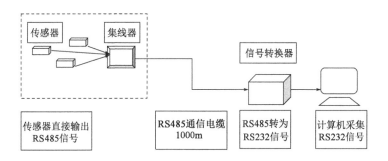

图 2-3　野外输移量实时监测系统概略图

2.2 基于水下音频分析原理的卵砾石输移强度实时观测方法研究

2.2.1 试验设备

本次试验所使用的仪器为 SM2M+型水下声音记录仪,如图 2-4 所示。该仪器为一款 16 位数字式记录仪,具备在水下完全浸没的能力,可适应于极端环境或近海工作,且操作灵活。整套设备在安装电池后,其总质量为 13.5kg,方便搬运。此外,该仪器具备极高的记录精度,在 1s 内可以采集数万个数据。其主要优点包括:①投放方便,可通过系绳、潜水员或声学释放器固定和回收;②可设置不同的采样频率,以适应不同的采样目的;③蓄电池、存储卡及其他配件均可更换,以满足长期野外观测的需求;④根据需求,设备可以固定在观测架上或通过电缆连接记录器。

图 2-4 SM2M+型水下声音记录仪

2.2.2 卵砾石撞击试验

1)卵砾石选样

为了更准确地研究变动回水区河段的卵砾石输移,试验选用天然卵砾石。由于卵砾石形状、种类对卵砾石碰撞音频信号的频率、强度等有一定的影响,为方便研究卵砾石的声音特性,需要对卵砾石进行筛选。由于主要研究卵砾石粒径、形状以及碰撞速度对声音的影响,故暂且不考虑材质对卵砾石的影响,尽量选择材质相同的卵砾石(图 2-5)进行试验 (图 2-6)。

 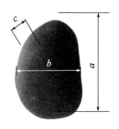

图 2-5 试验所用卵砾石样本　　　图 2-6 试验卵砾石参数的测量

2）试验工况

卵砾石输移过程中发生相互碰撞,其碰撞类型比较复杂,有同一粒径卵砾石之间的碰撞以及不同粒径卵砾石之间的碰撞。因此,试验从这两方面出发,选用球状卵砾石,以粒径以及碰撞速度为影响因素,研究卵砾石特性与声音特性之间的关系。

进行相同粒径卵砾石之间的撞击试验。选取卵砾石粒径为 2cm、3cm、4cm、5cm、6cm、7cm、8cm、9cm 共 8 种。试验工况将卵砾石粒径以及自由落体高度进行组合,即共有 40 种工况,分别记录各工况下卵砾石撞击声音。另外,为了保证数据的准确性,每种工况下卵砾石撞击 30 次。考虑到不一定每次撞击都是有效撞击,因此,需要在试验过程中记录每次撞击发生时间,以便于后期数据处理。

3）试验小结

通过对卵砾石碰撞音频信号波形指标、峰值因子、功率谱密度峰值、频能比、中心频率与卵砾石粒径以及碰撞速度作详细分析,得出以下结论:

（1）不论是相同粒径还是不同粒径卵砾石之间撞击发出的声音,在相同速度下,波形指标随着卵砾石粒径的增大而增大;卵砾石粒径越大,其增大的幅度亦越大;当粒径一致时,波形指标亦随着碰撞速度增大而增大。

（2）对于相同粒径或不同粒径卵砾石之间撞击发出的声音,其峰值因子在相同速度下,随着卵砾石粒径的增大而增大;而当粒径相同时,峰值因子有随碰撞速度增大的趋势,但不太明显。

（3）功率谱密度峰值作为反映频域幅值的参数,其与时域幅值存在一定的联系,因此,功率谱密度峰值同样与卵砾石粒径成正比例关系,粒径越大,功率谱密度峰值越大;碰撞速度对功率谱密度峰值也有影响。

（4）频能比指频率范围为 2000～4000Hz 所对应的能量占整个频带能量的比值。分析表明,频能比与卵砾石粒径关系密切,粒径越大,频能比越大。另外,相同粒径下,碰撞速度差别较小,对频能比影响较小。

(5)中心频率作为卵砾石碰撞音频信号的重要特征参数,与卵砾石粒径成比例关系,中心频率随着卵砾石粒径的增大而减小,这与前人研究所得的结论一致。

2.2.3　室内冲刷试验

1)试验布置

室内试验场地是重庆交通大学双福校区模型场,该场地有一宽50cm的水槽可用于试验布置。试验时在水槽底部铺设一层卵砾石,以模拟河床,所选卵砾石粒径为15~30mm。对于水下声音记录仪的布置方法,有两种方案可供选择:方案一,将水听器竖直放入水槽(图2-7),水听器处于未完全淹没状态;方案二,将水听器水平放入水槽(图2-8),水听器处于完全淹没状态。

图2-7　方案一试验布置　　　　　　图2-8　方案二试验布置

2)试验小结

对比两种方案采集到的波形图与声谱图(图2-9~图2-12)不难看出,方案一波形图中振幅的突变稀疏,可能与采集到的卵砾石撞击声音较少有关。而方案二波形图中振幅突变密集,反映出采集到大量的卵砾石撞击声音。通过回放录音资料,证实了这种对应关系。当仪器未全部浸入水中时,采集到的声音信号中有很大的噪声,几乎难以分辨出卵砾石撞击时产生的声音,这是因为水流对仪器的外壳有很大的冲击力,流动的水拍打在仪器外壳上产生巨大的噪声,淹没了卵砾石撞击的声音。而当仪器完全浸入水中并保证不会对卵砾石运动造成影响时,录取的声音清晰,能明显分辨出卵砾石撞击的声音。因此,在布置水下声音记录仪时,要保证其在水下一定深度,以隔绝空气中的环境噪声。

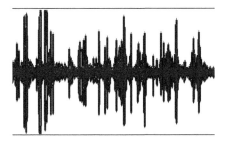

图2-9 方案一波形图

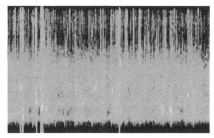

图2-10 方案一声谱图

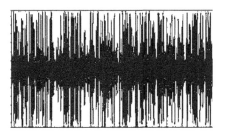

图2-11 方案二波形图

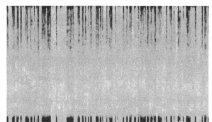

图2-12 方案二声谱图

2.2.4 野外观测试验

1)河段选址

野外观测地点选在长江上游三角碛河段(图2-13)。该浅滩位于嘉陵江与长江两江交汇口重庆朝天门以上10~13km处,上起菜鱼背信号台,下至鹅公岩大桥,总长约4.5km。自2008年三峡水库175m试验性蓄水后,变动回水区的范围扩大,由以前的丰都至铜锣峡段变为涪陵至江津段,部分典型河段发生了卵砾石淤积碍航的问题,而三角碛河段淤积尤为明显。建库后,由于汛期时坝前水位回落,该河段恢复自然状态,汛期淤积特性未变,但在汛后,蓄水作用导致的水位抬升,使得水流的输沙能力减弱,汛期淤积在河道中的泥沙在汛后不能得到有效的冲刷。等到来年的消落期,上游水位上升,前一年汛期淤积的泥沙才开始冲刷,主要走沙期延后到来年的消落期。大量观测数据表明,三峡水库蓄水后,汛期仍为泥沙的主要淤积期,但由于汛后水流的输沙能力降低,河道出现轻微淤积的状况,消落期变为主要的走沙期,因此野外观测选在消落期进行。

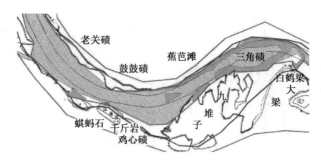

图 2-13　三角碛河段

　　少量在三角碛河段淤积的泥沙导致碛翅和碛尾向主航道伸展,且在出口处存在大量礁石。低水期最小航道尺度保持在最低维护尺度左右,低水期航道的最小宽度仅为 60m 左右,水深约为 3.0m,主航道的弯曲半径在 600m 左右,低水期船舶的通航受到严重的影响,搁浅或触礁等险情时有发生,故三角碛河段成为著名的弯、窄、浅、险水道。试验性蓄水后,多起搁浅触礁事故发生在三角碛水域内,三角碛河段也成为重庆主城区最为凶险的水道之一。另外,在用水下高清摄像机对三角碛河段进行现场观测时,发现导致该河段碍航的主要原因是在低水期水流条件发生变化,从而引起卵砾石输移。图 2-14 所示为水下摄像机拍摄到的三角碛河段的卵砾石,故将野外观测的地点选在三角碛河段,对该河段的卵砾石输移进行观测,可为今后对航道的维护及变动回水区碍航浅滩的整治提供理论支撑。

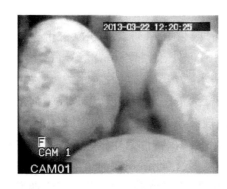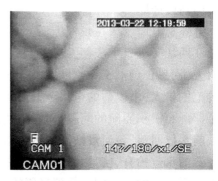

图 2-14　三角碛河段水下卵砾石监测图像

2)试验方案

　　现场试验时间段选择在每年的 4—6 月,此时正处于消落期,河底泥沙开始冲刷,变动回水区浅滩段碍航现象明显。在此时段内,能最大概率地观测到卵砾石运动。当坝前水位低于 150m,即开始安放试验设备。

为了不影响船舶的正常通航,保证航道畅通,在进行现场实地考察以及咨询常年在该河段航行的船长后,决定将仪器安装在九堆子附近 2 号航标船上。

3)试验结论

通过对卵砾石、船舶及水流声音的分析,得到了三个音频特征。为了使这些特征能用于在长时复杂音频信号中对卵砾石运动声音的识别,需要对卵砾石音频特征作一些定量处理。选择置信水平为 0.8 的置信区间,得到卵砾石的峰值频率 f_1 范围为 1400 ~ 4000Hz,基音频率 f_2 范围为 2000 ~ 3800Hz。对于卵砾石能量特征向量,由于其在 1 ~ 3 阶高频系数上的能量分布有明显区别于船舶、水流的集中性特点,因此可用其在 1 ~ 3 阶上的高频系数上的总能量表示,记为 T,应满足 $0.8 < T < 1$。

2.2.5 识别参数可靠性验证

基于声学原理的卵砾石输移率测量方法的进一步科研尝试,是利用水下高保真记录仪,采集水下卵砾石运动声音,并根据声音分析卵砾石运动规律。该方法不同于多目标追踪方法之处是,其能采集大范围的卵砾石运动声音,能根据音频数据判断卵砾石运动时间与输移率的强弱,且设备可回收,操作方便,能真正做到对卵砾石运动无影响。故在此试验基础上,提出了一种卵砾石运动声音识别技术,当一段音频信号的峰值频率在 1400 ~ 4000Hz 之间、基音频率在 2000 ~ 3800Hz 之间、能量特征向量的前三阶系数总能量达到 0.8 ~ 1.0 时,可认为其为卵砾石运动声音,利用该方法可从长时、复杂的音频信号中快速提取卵砾石运动声音。

由于野外观测一年只有一次,且要能准确把握卵砾石运动时机而现有的观测资料中并没有野外卵砾石运动声音,因此为了验证上述三种特征能否用于描述卵砾石运动声音,须采用合成的复杂音频信号进行识别效果分析。该合成信号是用COOLEDIT 软件编辑而成,其中卵砾石运动声音夹杂在水声、船舶航行声、打雷声、下雨声以及鸟叫声等一系列复杂声音信号之中,如图 2-15 所示。

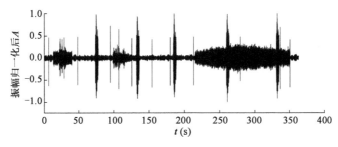

图 2-15 合成声音的时域波形图

如图 2-16 所示,对合成的声音进行检测与提取,累计获得 677 个声音片段,将每一片段的这些特征用向量 (f_1, f_2, T) 表示。如图 2-16 所示,图中有颜色的块状区域是卵砾石运动声音的特征分布区域,处在该区域的声音都可以认为是卵砾石运动声音。在 677 个声音片段中共有 11 个片段的特征落在该区域中,说明该合成信号中共有 11 次卵砾石碰撞声音,而人耳的识别结果为 12 次,两者仅相差一次。同时,从图中也可看出,大量的粒子聚集在低峰值频率、低基音频率与低能量的区域,这与合成信号中大部分是水流声音的情况相符,进一步说明了该方法用于卵砾石运动声音识别的可行性。

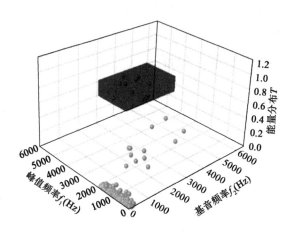

图 2-16 声音片段的特征分布图

2.3 基于压力法与音频法耦合的卵砾石输移实时同步监测系统研发

2.3.1 卵砾石输移实时监测系统构成

1) GPVS 设备构成

GPVS(Gravel Pressure and Voice Synchronous Observation System,卵砾石输移压力与音频实时观测系统),该系统为自主研发设备(图 2-17),它是在进行前述一系列试验后,针对多目标追踪及水下声音记录仪存在的缺陷设计而成的系统。整个系统集成了两套测量方法:一种是压力法,另一种为音频法。当卵砾石来量较少时,压力监测系统由于精度过小而失效,音频系统起主要观测作用;而当卵砾石来量很大导致设备被掩埋时,音频监测系统失效,压力监测系统则起主要观测作用。该系统能对卵砾石运动进行实时监测,信号经过有线传输到达岸上,观测人员可通过观察音频及压力数据实时了解水下卵砾石运动情况。该系统设备具有可回收、不惧掩埋,且如果在河道进行多点布置还能观测卵砾石运动的空间分布等优点。

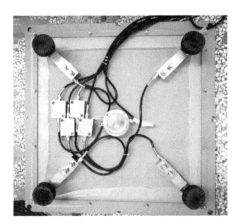

图 2-17　GPVS 设备内部与外观图

GPVS 结构主要由信号采集传感系统、压力信号实时监测分析系统、音频信号实时监测分析系统以及远程传输系统四部分构成。信号采集传感系统负责卵砾石输移运动音频信号与压力信号的采集工作;压力信号实时监测分析系统和音频信号实时监测分析系统分别对负责采集的压力信号与音频信号进行分析计算;远程传输系统则负责将采集的信号数据进行远距离传输工作。

2)卵砾石输移压力实时监测可视化系统

依据三峡变动回水区卵砾石输移现状以及观测系统 GPVS 需求,重点实现卵砾石运动压力信号的实时采集与分析。该系统软件基于 MATLAB 平台的图形用户界面(Graphical User Interface,GUI),设计人机友好的交互式界面进行数据输入与显示,并生成数值以及图形数据。

软件系统主要功能为重量指令的手动和定时发送,数据的接收判断和自动保存,压力数据分析和实时显示,压力变化图自动生成。图 2-18 所示为卵砾石输移压力信号实时采集监测系统软件主界面。

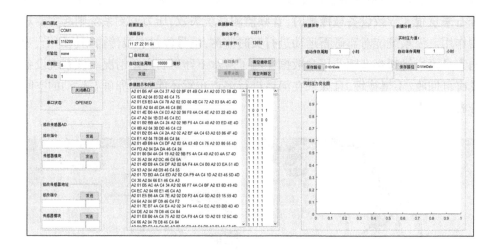

图 2-18　卵砾石输移压力信号实时采集监测系统软件主界面

　　该软件为用户提供了手动发送以及设置周期自动发送指令的功能,在 GUI 能可自由切换;系统在接收数据时能够自动剔除不符合标准的数据,并在判断区显示;实时更新显示卵砾石压力数据,与压力原始数据进行对比;可以设定周期自动保存数据,以便用户后期进行数据分析;显示压力实时的变化图,直观展示卵砾石压力变化情况等。

　　3)卵砾石输移音频实时监测可视化系统

　　GPVS 音频信号实时监测系统依据三峡变动回水区卵砾石输移现状以及观测系统 GPVS 需求,重点实现卵砾石运动音频信号的实时采集与分析。本系统软件同样基于 MATLAB 平台的 GUI,设计人机友好的交互式界面进行数据输入与显示,并可生成数值以及图形数据。

　　音频分析系统基于 Microsoft Windows7 及以上操作系统,是为 GPVS 使用者制作的一套处理拾音器采集的音频信息的系统。整个系统功能实现分为信号预处理、信号特征分析以及卵砾石运动特征分析三个阶段,旨在通过拾音器采集到的音频资料分析卵砾石推移质输移率。图 2-19 所示为卵砾石输移音频实时监测可视化系统主界面。

　　4)数据远程传输系统

　　该软件系统主要功能为:能够实现 GPVS 压力信号实时多端口采集、存储、远程传输、数据的自动保存和历史数据导出、压力数据分析和实时显示。

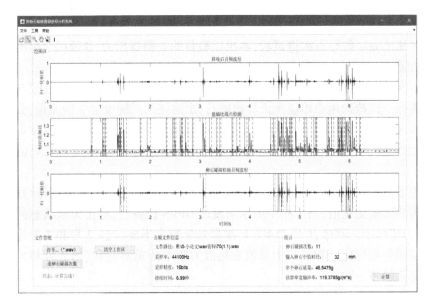

图 2-19　卵砾石输移音频实时监测可视化系统主界面

软件为用户提供了远程操作功能,界面可自由切换显示状态;实时更新显示卵砾石压力数据;可以设定周期自动保存数据,以便用户之后进行数据分析;可显示压力的实时柱状图,直观展示卵砾石压力变化情况等。图 2-20 所示为压力信号远程监测系统软件主界面。

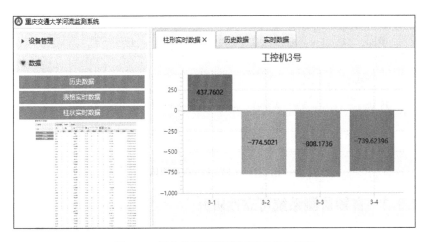

图 2-20　压力信号远程监测系统软件主界面

2.3.2　压力监测系统可靠性研究

对比 11mm 卵砾石水槽试验,本次试验目的是测试压力-音频耦合监测系统在大流量、大水深、大比降条件下测量卵砾石输移的可靠性。

本次 GPVS 测量试验在重庆交通大学国家内河航道整治中心航道厅 70m 水槽中进行。试验选用原始级配天然卵砾石,水流控制系统设置 7 级流量,分别为 300L/s、400L/s、500L/s、600L/s、700L/s、800L/s、900L/s,每级流量进行 4 组试验,两组加沙,两组不加沙。每组持续时间 12h,试验水流条件均为明渠恒定均匀流。

为了直观对比 GPVS 单个传感器初始值随水位变化的影响,分别计算了每一个传感器的变化值,当水槽中的水刚没过 GPVS 设备后,对比无水状态的压力值,压力值减小。其中,1 号和 4 号传感器处于稳定不变状态,2 号和 3 号传感器随水位变化而变化,GPVS 压力总值变化值为四个传感器总和,与 2 号和 3 号传感器变化趋势一致。

上述测试中虽各传感器压力值随水流波动而变化,但在重量标定测试中,由图 2-21 可见,其压力值随负重值呈线性增加。由此验证了压力传感器用于测量卵砾石运动输移量的有效性。

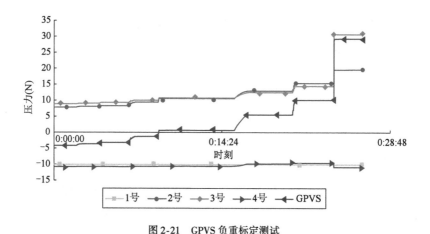

图 2-21　GPVS 负重标定测试

2.3.3　音频监测系统可靠性研究

本次 GPVS 测量试验在重庆交通大学国家内河航道整治中心航道厅 28m 水槽中进行,旨在通过试验效果评估 GPVS 音频监测系统的可靠性。本次试验选用中值粒径为 11mm 的天然卵砾石,考虑水槽的承受能力及卵砾石起动流速,共设置 3 级流量,分别为 60L/s、70L/s 以及 80L/s,每级流量进行 4 组试验,每组持续时间 30min,共计 12 种工况,试验水流条件均为明渠恒定均匀流。

为了验证音频法对于卵砾石运动颗粒数识别的准确性,可用人工识别的方法统计出摄像机记录下的视频中运动颗粒的个数,并与音频法得出的结果作对比(图 2-21)。其中,由于摄像机的采集范围覆盖了整个 GPVS 设备上钢板表面,并具有较高的采样频率,因此用人工识别方法的结果具有很高的准确度,可作为真实的卵砾石运动颗粒数。

在对音频法识别结果进行验证时,可在三种流量情况下,随机挑选 7 组时长不等的音频及视频数据(音视频时间等长并同步),分别采用音频法和视频识别的方法得出该时段内的卵砾石运动颗粒数,并进行对比。

根据计算结果(图 2-22),流量较小时,音频法测量输移率得到的结果几乎与真实值一致;流量较大,卵砾石输移密集时,测量结果会与真实值存在偏差,且随着输移率增加,这种偏差也会随之增大。但即使有偏差的存在,测量结果也与真实值具有同样的数量级,也能从一定程度上反映出当前输移率的强弱。

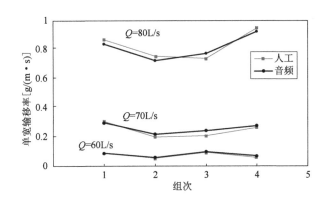

图 2-22　两种方法输移率测量结果对比

综上,GPVS 中音频部分用于输移率测量,能实时地反映出当前输移强弱,且在输移量较小时具有较高的精度,在输移量较大时,虽然得到的结果会与实际结果有所偏差,但也呈现出良好的正相关性,这种相关性尚有待进一步的研究。总之,GPVS 设备用于卵砾石输移的实时测量有一定的可行性,其具有目前主流观测方法所不具备的优点。

2.4 本章小结

本章首先介绍了压力传感器的比选条件及水下传感器防水材料选取原则。为提高卵砾石输移过程中压力数据可靠性、压力传感器的合理性以及传感器在各种复杂环境的适用性，从工作原理和适用范围等角度出发，最终选取总量程为6t的悬臂梁式压力传感器以及911聚氨酯防水涂料和丙凝防水材料两种水下密封材料。随后，利用水下高保真记录仪，完成了卵砾石撞击试验，从时域和频域两方面提取音频信号参数，研究表明，卵砾石特性不同，其声音参数也不尽相同。通过对各参数的初步分析，显示卵砾石碰撞音频信号波形指标、峰值因子、功率谱密度峰值、频能比以及中心频率可作为其特征参数；同时，开展水槽率定试验，并在长江上游九龙坡三角碛河段进行了卵砾石运动原型观测，对比分析船舶、水流以及卵砾石运动音频信号，通过室内撞击试验、水槽试验和原型观测证实了音频法观测卵砾石运动的可行性。最后，提出了一种自主研发的卵砾石输移压力与音频实时观测系统(GPVS)，并通过其室内试验验证了GPVS的可靠性。

第3章

三峡变动回水区推移质运动规律

自三峡水库175m蓄水以来,变动回水区卵砾石淤积碍航问题日益突出。为分析三峡变动回水区推移质的运动规律,基于GPVS,对三峡库尾重点河段进行推移质运动原型观测,并根据测量结果分析了典型滩段推移质的运动特性。此外,还分析了2010年以来重点河段航道疏浚区的河床冲淤变化情况,并通过物理模型试验,研究在不同流量下重点河段卵石群体的运动规律。最后根据实测流量资料,对长江与嘉陵江的两江汇流特性进行分析,研究汇流比的变化对卵砾石推移质运动及重庆主城河段冲淤变化的影响。

 基于GPVS的三峡变动回水区重点河段推移质运动原型观测

3.1.1 典型滩险原型观测

自三峡水库175m试验性蓄水后,变动回水区的范围扩大,由以前的丰都至铜锣峡段变为涪陵至江津段,部分典型河段出现了卵砾石淤积碍航的问题,而其中胡家滩、三角碛、猪儿碛、广阳坝、洛碛、码头碛六个河段淤积较为明显,因此选取此六处典型滩险投放GPVS设备,观测典型滩险卵砾石的输移规律,为今后变动回水区碍航浅滩整治方案以及航道的维护措施提供支撑。

(1)观测时间。

根据三峡水库变动回水区原型观测报告可知,175m试验性蓄水以来,汛期仍为泥沙的主要淤积期,但由于汛后水流的输沙能力降低,河道出现轻微淤积的状况,消落期(3—6月)变为主要的走沙期,即卵砾石推移质输移主要发生在消落期,且2015年、2016年采用基于高保真水下音频记录仪在变动回水区两江交汇上游重庆主城区三角碛段(长江上游航道里程 667.0~675.0km)进行卵砾石输移观测测试亦证明该时段推移质运动显著。

(2)观测断面选取。

根据三峡水库变动回水区卵砾石推移质输移力学模型数值模拟得到滩险河段流速分布、推移质输移带,选择推移质输移概率大的断面,确定 GPVS 设备投放位置(表3-1)。

GPVS 设备及航标船位置　　　　　　　　　　表3-1

滩段	1 号 GPVS 设备坐标	2 号 GPVS 设备坐标	3 号 GPVS 设备坐标
胡家滩	$X = 354978.9853$ $Y = 3263935.8226$		
三角碛	$X = 358638.6413$ $Y = 3265758.7029$		
猪儿碛	$X = 362723.2706$ $Y = 3271771.4217$	$X = 362694.9804$ $Y = 3271863.4437$	
广阳坝	$X = 378198.1693$ $Y = 3277201.378$		
洛碛	$X = 395494.1892$ $Y = 3286431.9368$	$X = 395508.6928$ $Y = 3286363.9476$	$X = 395526.2575$ $Y = 3286292.4461$
码头碛	$X = 409673.3023$ $Y = 3300430.332$		

如图 3-1 所示,依据实测资料以及数值模拟确定 GPVS 以及航标船的布放位置,在六个典型滩险根据实际情况投放 GPVS 设备,投放遵循不影响航道正常通航的原则。

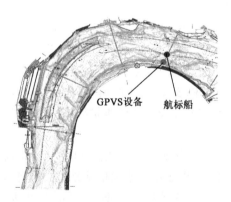

GPVS设备　　航标船

a)GPVS设备及航标船位置

图　3-1

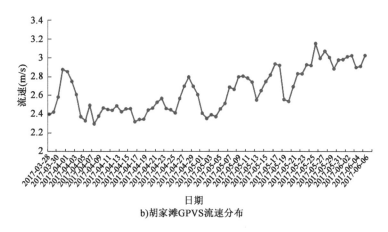

日期
b)胡家滩GPVS流速分布

图 3-1　胡家滩 GPVS 观测点布置示意图

（3）原型观测试验布置。

运动卵砾石原型观测使用与室内水槽试验规格相同的 GPVS 进行测量。图 3-2 是利用 GPVS 设备进行卵砾石推移质原型观测试验布置示意图。

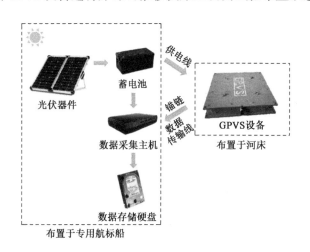

图 3-2　卵砾石推移质原型观测试验布置示意图

进行现场布置前,先将供电线和数据传输线穿入金属蛇纹管中,以起到保护作用;再将锚链固定在 GPVS 设备四角的螺柱上,以便于施放和回收。供电线、数据传输线与锚链长度均为 200m。图 3-3 所示为进行现场施放前已经做好套管防护的供电线、数据传输线与锚链。

图3-3　供电线、数据传输线与锚链

　　原型观测试验租用专业水文测量船进行 GPVS 设备的施放,该专业水文测量船可以进行各种水文观测,能布放与回收 Y64 型推移质采样器等仪器,配套设施齐全,其起重机可灵活转向,吊运承载力好,能胜任 GPVS 设备现场施放工作。正式施放 GPVS 设备时,将专用的抓钩固定在测量船起重机上,再用抓钩抓起 GPVS 设备(该抓钩具有受拉时抓紧,不受力时松开的功能),当抓钩因 GPVS 设备重力受拉时,会将 GPVS 设备紧紧抓住并锁定,并在 GPVS 设备完全布放在河床上时解锁松开。在采用起重机将 GPVS 设备下放过程中,利用大量铁丝把保护线材的套管与锚链固定在一起,防止线材在水流作用下受拉导致损坏,同时在合适位置将专用锚连接在锚链上,保证线材套管能沉入水底紧贴河床并基本保持稳定。图3-4 所示为起重机抓钩与专用锚。

图3-4　起重机抓钩与专用锚

将单台 GPVS 设备布放在观测点航道河底。为不影响船舶正常航行,将线材套管与锚链在河床上向该河段左岸布置,并将多余的线材套管与锚链固定在航道外租用的专用航标船上,不占用航道。如图 3-5 所示,专用航标船上布置了数据采集终端,利用太阳能进行供电,蓄电池可在完全未充电情况下正常供电 2 天,以保证数据采集主机的正常工作。蓄电池、数据主机与硬盘均安装在防雨箱内并固定在专用航标船上。在太阳能板正常工作时,数据采集主机能 24 小时不间断采集数据并自动保存在存储硬盘中,满足开机后无人值守连续采集数据的要求。由于线材套管与锚链预留有多余长度,当水位变化时,专用航标船、线材套管与锚链能自动调整位置。

图 3-5　专用航标船上的试验装置布置

3.1.2　卵砾石运动信号特征分析

GPVS 声学法测量卵砾石推移质输移量 M 的计算公式为:

$$M = nm = \frac{n\rho\pi D^3}{6} \tag{3-1}$$

式中: n——通过 GPVS 设备上面板的卵砾石个数;

m——单个卵砾石质量;

ρ——卵砾石密度,取 $\rho = 2.65\text{g/cm}^3$;

D——卵砾石等容粒径。

利用式(3-1),根据 GPVS 设备采集的码头碛河床音频信号,计算每小时经过 GPVS 设备上面板的卵砾石推移质输移量。

图 3-6 是 2019 年 5 月 29 日用声学法计算的码头碛每小时卵砾石推移质输移量过程线。横轴为时间,纵轴为每小时经过 GPVS 设备上面板的卵砾石输移量。由图可知,码头碛 2019 年 5 月 29 日的每小时卵砾石输移量平均值为 313.77kg。

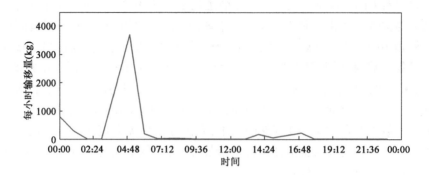

图 3-6　码头碛用声学法计算的卵砾石推移质输移量

3.1.3　典型滩段卵砾石运动特性分析

图 3-7 是利用声学法计算的六个滩段 GPVS 设备每天的卵砾石推移质输移量过程线。横轴为日期,纵轴为每天经过 GPVS 碛上面板的卵砾石输移量。该曲线同时展现了各输移量与观测点对应的水流功率关系。

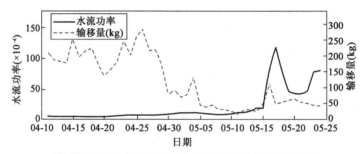

a)胡家滩1号观测点日均输移量与水流功率关系曲线图(2019年)

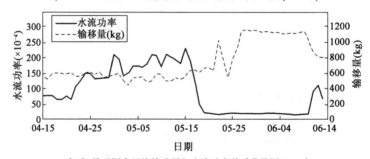

b)三角碛1号观测点日均输移量与水流功率关系曲线图(2019年)

图　3-7

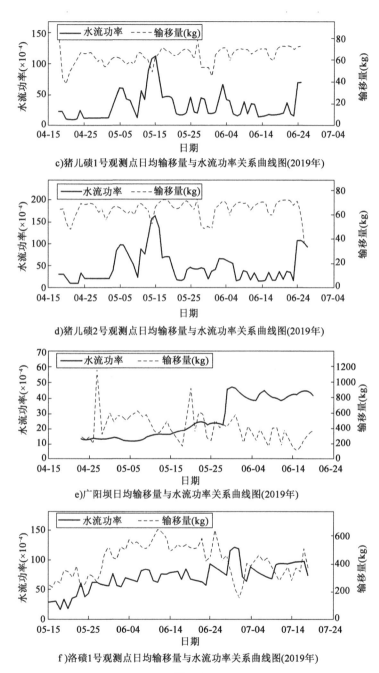

c)猪儿碛1号观测点日均输移量与水流功率关系曲线图(2019年)

d)猪儿碛2号观测点日均输移量与水流功率关系曲线图(2019年)

e)广阳坝日均输移量与水流功率关系曲线图(2019年)

f)洛碛1号观测点日均输移量与水流功率关系曲线图(2019年)

图 3-7

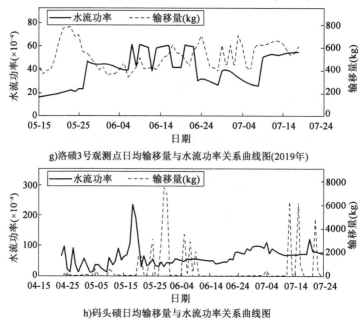

g)洛碛3号观测点日均输移量与水流功率关系曲线图(2019年)

h)码头碛日均输移量与水流功率关系曲线图

图3-7　典型滩险输移量与水流功率关系(2019年)

从图中可看出,根据音频信号计算得到胡家滩输移量为15.15~284.86kg,平均输移量为119.23kg。三角碛输移量为440.41~1145.39kg,平均输移量为735.52kg。猪儿碛1号观测点输移量为37.86~79.52kg,平均输移量为63.68kg。猪儿碛2号观测点输移量为35.85~74.07kg,平均输移量为64.02kg。广阳坝输移量为113.00~1159.67kg,平均输移量为409.36kg。洛碛1号观测点输移量为151.53~642.64kg,平均输移量为418.68kg。洛碛3号观测点输移量为346.19~782.99kg,平均输移量为528.25kg。码头碛输移量为3.06~7530kg,平均输移量为699.62kg。

3.2　三峡变动回水区重点河段推移质群体运动规律

3.2.1　卵砾石群体沙波运动

2010—2018年,对占碛子、三角碛、胡家滩、洛碛等碍航滩险实施了维护性疏浚,历年维护性疏浚实施具体情况见表3-2,其中仅处于常年回水区的黄花城水道河床以淤积覆盖为主,其余各个滩段河床以卵砾石覆盖为主。通过历年来实测地形图资料及相关研究成果分析上述碍航滩险的各时段间河床冲淤变化，探索卵砾石滩段航槽内推移质的运动规律。

2010—2018年三峡库区航道维护疏浚情况统计表　　表3-2

水道	年份	滩险	疏浚区域
洛碛水道	2013—2014	上洛碛	上洛碛碛翅
	2014—2015		
占碛子水道	2010—2011	占碛子	占碛子碛翅
	2011—2012		
	2012—2013		
	2013—2014		
	2014—2015		
三角碛水道	2011—2012	三角碛	三角碛碛翅
	2012—2013	鸡心碛	鼓鼓碛碛翅
		鼓鼓碛	鸡心碛浅区
		九堆子	九堆子浅包
	2014—2015	三角碛	三角碛碛翅
长寿水道	2012—2013	王家滩	忠水碛碛翅
	2016—2017	王家滩	忠水碛碛脑
	2017—2018	柴盘子	忠水碛左碛翅
		码头碛	码头碛碛翅
胡家滩水道	2010—2011	胡家滩	胡家滩碛翅
黄花城水道	2011—2012	黄花城	关门浅浅区
朝天门水道	2016—2017	草鞋碛	草鞋碛碛翅
广阳坝水道	2017—2018	飞蛾碛	飞蛾碛碛翅

1）占碛子

占碛子水道位于重庆羊角滩至江津河段（航道里程为713～720km），在里程715.8km处有著名浅滩占碛子，水道位于三峡库区末端。大中坝将长江分为两汊，占碛子位于左汊，为主航道，中洪水期右汊分流。2010—2015年间每年度均对占碛子碛翅处进行了维护疏浚。

2016—2017年，占碛子碛翅河床整体表现为有冲有淤，多个时间段内表现出了较为明显的沙波运动，沿程沙波波长变化在20～40m之间，波高变化为0.8～

1.6m,局部零星区域冲淤深度超过1.2m(图3-8、图3-9)。

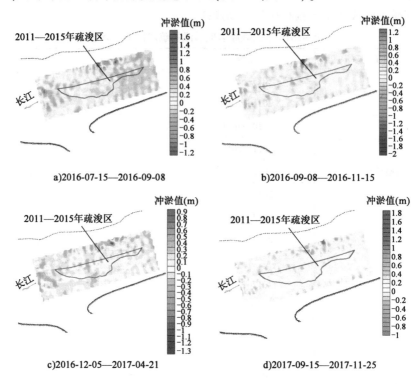

图3-8　占碛子碛翅河床疏浚区冲淤变化图

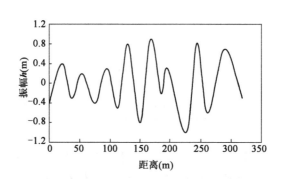

图3-9　占碛子碛翅河床疏浚区典型沙波波形图

同时,由占碛子碛翅河床疏浚区2015年11月—2018年6月内的冲淤量变化可知,年际间占碛子碛翅河床疏浚区河床卵砾石冲淤量变化较小,整体接近冲淤平衡;2017年4—9月,占碛子碛翅河床疏浚区河床表现为明显冲刷(图3-10)。

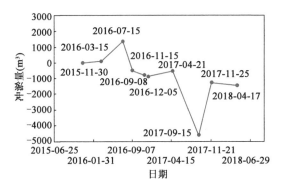

图 3-10 占碛子碛翅河床疏浚区年际冲淤量变化(2015 年 11 月—2018 年 6 月)

2) 三角碛

三角碛水道位于长江上游航道里程为 667.0～675.0km。该河段航道弯曲,三角碛江心洲将河道分为左右两槽,右槽为主航道,为川江著名枯水期弯窄浅滩,航道弯曲狭窄。右槽淤积的卵砾石常得不到有效冲刷,枯水期易形成碍航浅区。2011—2012 年及 2014—2015 年均对三角碛碛翅处进行了维护疏浚。三角碛碛翅河床疏浚区冲淤变化图如图 3-11 所示,典型沙波波形图如图 3-12 所示。

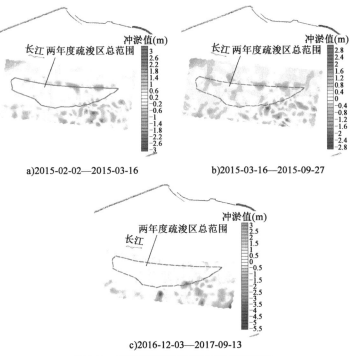

图 3-11 三角碛碛翅河床疏浚区冲淤变化图

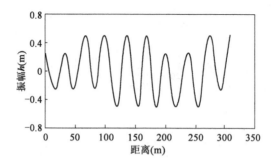

图 3-12　三角碛碛翅河床疏浚区典型沙波波形图（2016-12-03—2017-09-13）

　　2015 年消落期、汛期时段以及 2017 年汛末时段，三角碛碛翅河床整体表现为有冲有淤，疏浚区附近表现出较为明显的沙波运动，沙波波长在 30～40m 间，波高变化为 0.6～1m。

　　由 2015 年 2 月—2017 年 11 月疏浚区冲淤量变化可知，年际间三角碛碛翅疏浚区河床处卵砾石冲淤量变化较小，变化范围仅在 -3000～4000m³ 之间，截至 2017 年 11 月，冲淤总量累计 -1447m³，整体接近冲淤平衡（图 3-13）。

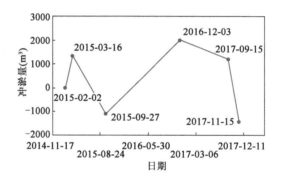

图 3-13　三角碛碛翅河床疏浚区年际间冲淤量变化（2015 年 2 月—2017 年 11 月）

　　3）上洛碛

　　上洛碛位于长江上游航道里程为 604.5～606.5km，紧邻洛碛镇。上洛碛上游是南坪坝，长约 3km，宽 0.8km，位于江中偏右岸，将河道分为左右两槽，右槽较顺直。河段中部微弯，碛翅突出江心，伸向右岸，与右岸褡裢石、野鸭梁等礁石形成浅窄弯槽，为枯水期著名的弯浅险槽。2013—2014 年以及 2014—2015 年均对上洛碛碛翅处进行了维护疏浚。2015—2018 年消落期和汛期时段，上洛碛碛翅河床疏浚区内河床地形变化表现出较为明显的沙波运动，沙波波长在 40～

60m间,波高变化为0.8~1.6m。局部零星区域最大冲淤深度超过1m(图3-14、图3-15)。

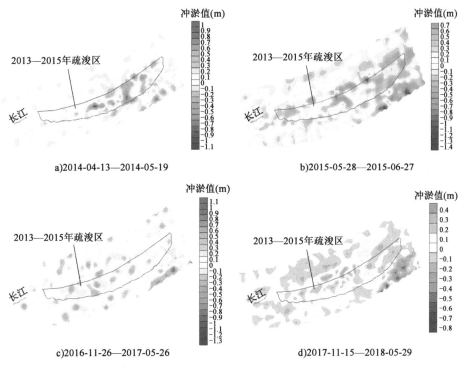

a)2014-04-13—2014-05-19

b)2015-05-28—2015-06-27

c)2016-11-26—2017-05-26

d)2017-11-15—2018-05-29

图3-14 上洛碛碛翅河床疏浚区冲淤变化图

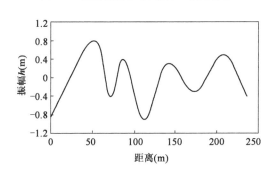

图3-15 上洛碛碛翅河床疏浚区典型沙波波形图(2014年4月—2014年5月)

由2015年10月—2017年11月疏浚区内冲淤量变化可知,2016年汛末上洛碛碛翅河床疏浚区河床整体表现出相对明显的冲刷状态。截至2017年11月,年际间疏浚区内推移质冲淤总量约−2004m³,整体接近冲淤平衡(图3-16)。

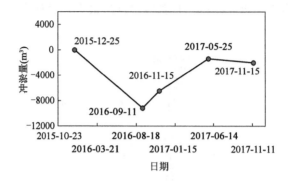

图 3-16　上洛碛碛翅河床疏浚区年际间冲淤量变化(2015 年 12 月—2017 年 11 月)

4)王家滩

王家滩位于长寿水道,长江上游航道里程为 586.3~587.6km。河段属三峡变动回水区,河道微弯,因河床地形复杂,是川江著名的"瓶子口"河段。河心忠水碛纵卧江中,分航槽为二,左为柴盘子,右为王家滩,忠水碛碛翅伸出,缩窄航槽,其中右汊航槽受泥沙淤积及复杂河道特性的影响,碍航情况较为突出。图 3-17 为王家滩(忠水碛)冲淤变化图。

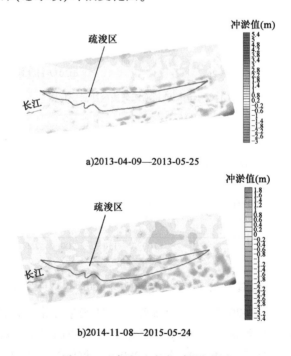

图 3-17　王家滩(忠水碛)冲淤变化图

2012—2013年和2016—2017年均对王家滩右槽忠水碛碛翅处进行了维护性疏浚。2013年和2014年消落期时段,王家滩右槽忠水碛碛翅疏浚区河床地形变化表现出较为明显的沙波运动现象,沙波波长在32~65m间,波高变化为1.2~1.5m(图3-18、图3-19)。

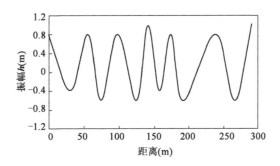

图3-18 王家滩典型沙波波形图(2013年4—5月)

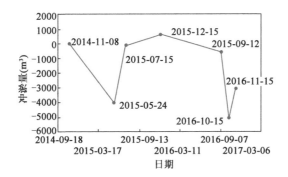

图3-19 王家滩(忠水碛)疏浚区年际间冲淤量变化(2014年11月—2016年11月)

由2014年11月—2016年11月时段内疏浚区冲淤量变化可知,2015年消落期和汛期忠水碛疏浚区河床地形分别主要表现为冲刷和淤积状态,年际间王家滩忠水碛疏浚区河床冲淤量变化较小,整体接近冲淤平衡。

5)小结

通过分析2010年以来重点河段航道疏浚区的河床冲淤变化情况可知,年际间疏浚区河床冲淤整体变化较小,消落期与汛期时段,占碛子年内淤积主要发生在汛末至消落期前,三角碛年内淤积主要发生在汛末至消落期间,洛碛以及王家滩河段疏浚区附近整体表现为有冲有淤,沿程河床地形变化呈现高低起伏的交替现象。根据各河段群体沙波运动波谷与波长可知,占碛子在消落期前最大波高约0.5m,三角碛消落期前最大波高约0.4m,上洛碛消落期前最大波谷约

0.8m,王家滩最大波高约0.85m。上述河段航槽卵砾石推移质存在着较为明显的沙波运动,各河段航槽疏浚区沙波平均波长与该时段时间末点的平均水深呈一定的线性关系,沙波平均波长 $\lambda \approx 5h$(图3-20,h 为平均水深)。

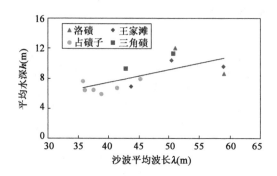

图3-20　沙波波长与平均水深关系图

3.2.2　三峡变动回水区重点河段输沙带试验研究

3.2.2.1　广阳坝河段输沙带试验

广阳坝位于铜锣峡下游。铜锣峡为长江上游最为出名的大型峡谷河段,洪水河道狭窄,宽度仅300m左右;河谷深切,谷内深槽最低点高程仅92m,较上下游浅滩河段河床低40～50m左右,天然情况下在中枯水期谷内水流平缓,洪水期水流湍急;加上受三峡水库175m蓄水的影响,铜锣峡至广阳坝蜘蛛碛河段形成深槽、浅滩相间的卵砾石不连续输移特性,铜锣峡卵砾石何时输出至蜘蛛碛,关系下游河段浅滩的卵砾石补给与航槽冲淤情况。

1)卵砾石输移不平衡输移特性

采用动床模型对铜锣峡输沙条件进行了详细的测量研究,表3-3统计了铜锣峡水流条件与输沙能力随流量的变化规律。

铜锣峡水流条件与输沙能力随流量关系变化对比　　　　　　表3-3

编号	1	2	3	4	5	6	7	8	9	10	11	12	13
流量 （m³/s）	3130	5050	7780	10700	15000	18800	24200	29700	34700	41100	60100	75300	83100
流速 （m/s）	0.52	0.6	1.15	1.7	2.17	2.48	3.01	3.19	3.38	3.52	3.19	3.38	3.52

编号	1	2	3	4	5	6	7	8	9	10	11	12	13
水深（m）	45.2	47.3	49.2	51.3	53	55.5	58.2	59.9	61.5	63.6	59.9	61.5	63.6
比降（‰）	0.012	0.023	0.044	0.031	0.100	0.100	0.229	0.235	0.304	0.374	0.235	0.304	0.374
水流功率	0.001	0.002	0.006	0.006	0.027	0.032	0.094	0.105	0.149	0.197	0.105	0.149	0.197
输移率（kg/s）	0	0	0	0	0	0	3.72	5.35	7.50	9.24	53.01	80.83	104.45

根据长江上游卵砾石推移质起动规律研究成果，当无量纲水流功率 W_{c*} 大于 0.09 时，粒径为 0.035m 的卵砾石才能达到起动条件：

$$W_{c*} = \frac{UHJ}{\sqrt{g\left(\dfrac{\gamma_s - \gamma}{\gamma}D\right)^3}} = q_{c*}J = 0.09 \tag{3-2}$$

式中：U——水流流速；

$\quad\quad H$——水深；

$\quad\quad J$——比降；

$\quad\quad g$——重力加速度；

$\quad\gamma_s$、γ——泥沙与水的重度；

$\quad\quad D$——泥沙粒径；

$\quad\, q_{c*}$——无量纲单宽水流功率。

从图 3-21 可知，铜锣峡在流量为 24200m³/s 时刚刚达到泥沙起动条件；而在流量接近 30000m³/s 时处于弱输沙状态，有部分小颗粒卵砾石输出铜锣峡；而当流量接近 35000m³/s 时，铜锣峡输沙能力增强，开始有大量的卵砾石输出铜锣峡并淤积在蜘蛛碛段浅滩上，其理论输沙能力可达 7.5kg/s。

物理模型试验表明，当流量 Q 增加至 29700m³/s 后，铜锣峡卵砾石明显开始运动，向峡口放宽段输移，沿程输移带逐渐变宽，至广阳坝河段蜘蛛碛碛首处开始变窄并开始向左偏移，卵砾石输移带占据了整个主航槽，并不断向下游发展，至蜘蛛碛碛首开始收缩，并停止运动，最终淤积在峡口放宽处、半截梁与蜘蛛碛之间的浅区。但输移率较理论计算值偏小（图 3-22）。

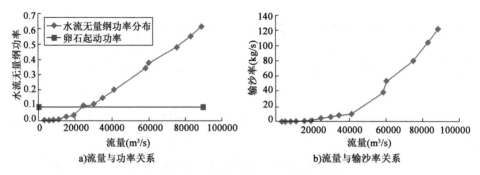

a)流量与功率关系　　　　　　　　　　b)流量与输沙率关系

图 3-21　库尾典型滩段流量与卵砾石输移强度关系

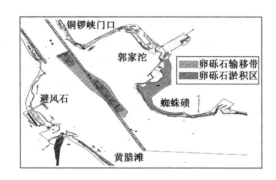

图 3-22　$Q = 29700\mathrm{m^3/s}$ 时铜锣峡至蜘蛛碛河段卵砾石输移带与淤积分布图

当 Q 大于 $34700\mathrm{m^3/s}$ 时,铜锣峡输出卵砾石量增加,下游卵砾石输沙带变宽,卵砾石输出铜锣峡后在半截梁、蜘蛛碛等浅区与边滩形成泥沙淤积,是枯水期浅滩碍航的主要原因,也成为中枯水期航道泥沙输移的主要来源(图 3-23 ~图 3-25)。

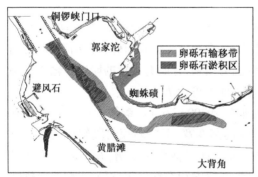

图 3-23　$Q = 34700\mathrm{m^3/s}$ 时输移带和淤积区分布　　图 3-24　$Q = 41100\mathrm{m^3/s}$ 时输移带和淤积区分布

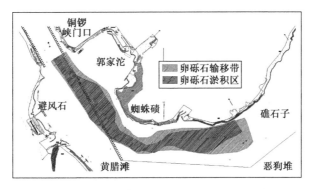

图 3-25 $Q = 58500\text{m}^3/\text{s}$ 时卵砾石输移带和淤积区分布

2014—2018 年近 5 年间,寸滩流量大于 24200m^3/s 的天数为 93 天;流量大于 30000m^3/s 的天数为 31 天,占期的 1/3。受三峡水库蓄水影响,汛期流量大于 30000m^3/s,蓄水位抬高超过 3m 时,流速降低约 5%,铜锣峡卵砾石输出量有所降低,据统计共 6 天,占流量大于 30000m^3/s 天数约 1/5(图 3-26)。

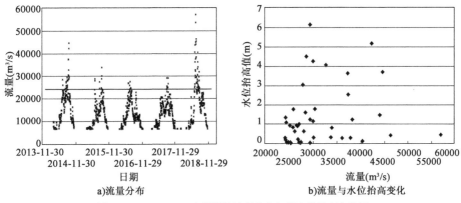

a)流量分布   b)流量与水位抬高变化

图 3-26 2013—2018 年铜锣峡流量分布与蓄水位抬高变化图

综上,自铜锣峡洪水期输出卵砾石堆积在下游浅滩与边滩是广阳坝河段消落期航槽泥沙集中输移的主要来源,而三峡水库建库后的水位抬升使铜锣峡卵砾石输出量有一定程度的减少,相对下游的卵砾石滩险治理而言是有利的。

2)输沙带分布情况

广阳坝、飞蛾碛和长叶碛均为卵砾石滩险。物理模型中对 37100m^3/s 以下流量进行了输沙带范围及航槽泥沙淤积分布情况的试验研究。采用模型沙为精煤,各流量级的输移率参考寸滩站的卵砾石输移率,并根据上游加沙断面的实际输沙能力进行调整(表 3-4)。

广阳坝水道推移质输移带分布特性试验条件控制　　　表 3-4

流量(m³/s)	加沙量(kg)	淤积沙量(kg)	输移量(kg)	原型输移率(kg/s)
9350	3.00	1.60	1.40	2.00
13500	7.22	3.48	3.74	5.04
22100	9.16	4.28	4.88	7.42
37100	8.50	4.24	4.26	13.40

（1）广阳坝河段。

在广阳坝河段，枯水期卵砾石从蜘蛛碛碛翅穿过，沿左岸深槽边缘经礁石子、野骡子输移至庙角，一部分在庙角前沿深槽淤积，一部分继续沿深槽边缘向下输移至飞蛾碛尾部，一部分泥沙淤积在右岸深槽以及碛尾，一部分泥沙则继续向下游输移。流量小时，输沙带较窄，当流量为 6530m³/s 时蜘蛛碛宽度约为250m，向下游发展过程中逐渐缩窄，至大猪牙宽度快速收缩为 110m，至野土地以下输沙带宽度仅有 30 余米［图 3-27a)］。

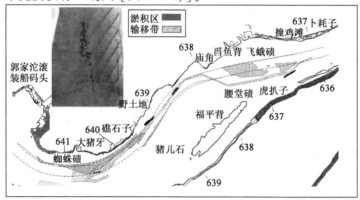

a) $Q=6900m^3/s$ 时分布图

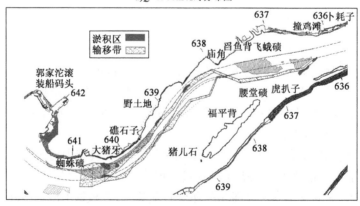

b) $Q=9350m^3/s$ 时分布图

图　3-27

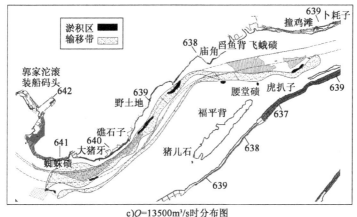

c)Q=13500m³/s时分布图

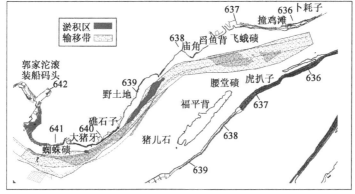

d)Q=37100m³/s时分布图

图 3-27　卵砾石输移带分布图

随着流量的增加,输沙带宽度增加,输沙范围加大。流量为 9350m³/s 时,蜘蛛碛宽度向左岸滩面增加 100～350m,大猪牙以下左岸输沙带相比流量为 6530m³/s 时略有增加,右岸深槽与边滩边缘出现 30～80m 宽度的推移质输移带,在福平背以下左右输移带合二为一,部分泥沙在庙角深槽淤积,一部分继续向下游输移至飞蛾碛,飞蛾碛输沙带向滩面扩展 15m 左右[图 3-27b)]。

流量增加至 13500m³/s 时,输沙带进一步扩宽,蜘蛛碛及以下河段滩面均开始输沙,深槽输沙能力也增加,蜘蛛碛宽度增加至 450m,礁石子以下宽度达到 150m,飞蛾碛宽度向左增加 80m;至 22100m³/s 流量时,礁石子至庙角碛河段滩面与深槽均能输送推移质,庙角深槽内的泥沙开始输出沿飞蛾碛滩面向下游输移,右岸虎扒子、麻二梁深槽已无泥沙输移,飞蛾碛碛翅边缘泥沙输移能力减弱,滩面输沙能力增强[图 3-27c)]。

随着流量进一步增加,当流量为 37100m³/s 时,水流趋直,输沙带宽度进一步增加,主河槽输沙能力增加,近岸的滩面输沙能力减弱,部分消失,广阳坝上段大量泥沙输送至庙角,部分淤积在深槽内,但大量泥沙从深槽输出到飞蛾碛滩面,滩面输沙带宽度约为 350m,飞蛾碛右槽深槽与碛翅边缘输沙带消失[图 3-27d)]。

(2)长叶碛河段。

长叶碛段消落期枯水输沙带范围较窄,其沿长叶碛碛翅分布,与推荐整治方案航槽及疏浚线路基本重合。当流量为 6900m³/s 时,输沙带主要在深槽右边缘至长叶碛碛翅,宽度在 130~230m 之间,泥沙淤积主要在长叶碛弯顶区域。随着流量的增加输沙范围有所扩大,至整治流量时向滩面扩宽约 30m,并在门闩子右侧形成输沙带(图 3-28)。

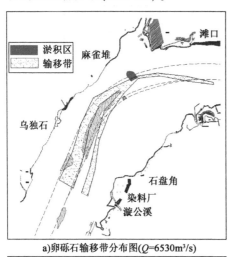

a)卵砾石输移带分布图(Q=6530m³/s)

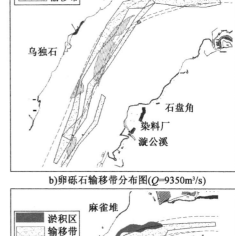

b)卵砾石输移带分布图(Q=9350m³/s)

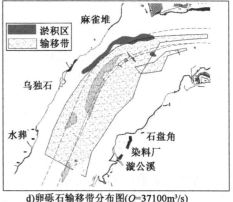

c)卵砾石输移带分布图(Q=13500m³/s)

d)卵砾石输移带分布图(Q=37100m³/s)

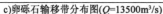

图 3-28　长叶碛河段卵砾石输移带分布图

随着流量的增大,输沙能力增强,输沙带向左右拓展,当流量为37100m³/s时,长叶碛上游输沙带范围基本涵盖全断面,长叶碛弯道处则几乎涵盖整个滩面,宽度达到550m,泥沙淤积量增加,从碛翅到滩面均出现淤积,部分采砂坑得到泥沙补给回淤。

3.2.2.2　洛碛河段输沙带试验

分别进行 $Q=44100\text{m}^3/\text{s}$（洪水）、$Q=19965\text{m}^3/\text{s}$（中洪水）、$Q=11300\text{m}^3/\text{s}$（中低水）三个流量级的定床推移质输沙试验,结果如图3-29~图3-31所示。

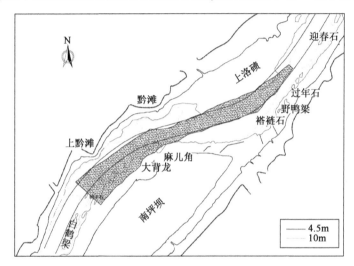

图3-29　$Q=44100\text{m}^3/\text{s}$时上洛碛推移质输沙带

模型中推移质泥沙从白鹤梁(608km)附近全断面加入,洪水期主要沿南坪坝左汊河道中部主流区向下游输移,输沙带宽度约400m。过上黔滩(607km)后,输沙带宽度束窄,黔滩(606.4km)附近输沙带宽约170m;受微弯河势影响,输沙带向右侧凸岸偏移,输沙带右边线顺大背龙、麻儿角礁石边缘而下;左侧凹岸侧黔滩前沿深槽内未发现泥沙输移。过南坪坝后即进入上洛碛放宽段,洪水期水流趋直,输沙带顺河道中部上洛碛洲滩而下,输沙带宽度有所放宽。至上洛碛中部河段,碛翅深入江中最宽处的过年石(605km)附近,输沙带宽度又束窄90m左右,并顺左侧碛翅而下。

中洪水期,白鹤梁至黔滩之间河段,推移质输沙带主要沿南坪坝左汊河道的白鹤梁、鸭子石礁石区的左侧主槽向下游输移,输沙带较洪水期明显变窄。南坪坝尾部、黔滩附近输沙带宽度与洪水期相差不大。上洛碛河段,输沙带较洪水期右移50~100m,上洛碛中部的过年石附近,输沙带宽度最窄。

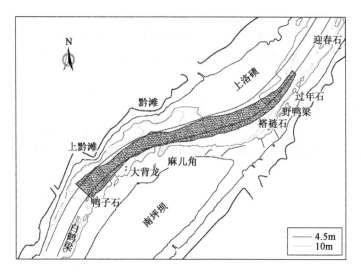

图 3-30　$Q = 19965\,\mathrm{m^3/s}$ 时上洛碛推移质输沙带

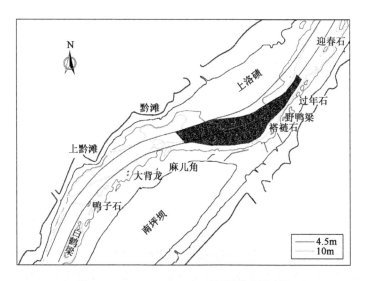

图 3-31　$Q = 11300\,\mathrm{m^3/s}$ 时上洛碛推移质输沙带

　　中低水期,上黔滩至黔滩河段水深流缓,上游很少有泥沙输移至黔滩段,水流主要输移洪水期在南坪坝洲尾附近河道内淤积的泥沙。过南坪坝深槽以下河段,输沙带较宽,左边线较中洪水期略向右偏移,右边线明显向右侧凹岸偏移;碛翅与主槽均处于输沙带范围内。至上洛碛中部的过年石附近,输沙带宽度又缩至最窄。

3.2.2.3　长寿段输沙带试验

在物理模型上进行了洪、中、枯四级流量下定床输沙试验,试验条件见表3-5。

定床模型输沙试验条件　　　　　　　　表3-5

组次	流量(m³/s)	长寿站水位(m)
1	9012	149.91
2	14200	151.91
3	21283	155.55
4	46000	165.13

由于本河段在上游建库以及人类活动的影响下,来水来沙条件发生改变,实际的卵砾石推移质沙量和时间已经很难确定,加之与寸滩站本身还存在不小的差别,而本试验主要是观测卵砾石输沙带的特性,尤其是工程河段的推移质输移带分布规律,因此研究中可以不严格按照推移质输移率和时间比尺,而以输沙平衡作为控制条件。图3-32给出了各级流量下长寿水道推移质输沙带位置。

a)Q=9012m³/s

b)Q=14200m³/s

c)Q=21283m³/s

d)Q=46000m³/s

图3-32　推移质泥沙输移淤积区域(肖家石盘上游73号断面加沙)

（1）当流量小于 10000m³/s 时，推移质泥沙输移量较少；当流量大于10000m³/s 时，推移质开始有所输移。

（2）当加沙断面布置在肖家石盘上游（73 号断面），肖家石盘附近推移质靠左岸输移，过肖家石盘后，推移质基本沿着忠水碛左汊输移，并且在忠水碛碛翅边缘淤积，沿忠水碛右汊推移质输移较少。推移质进入忠水碛左汊后，由于河道突然放宽，流速减小，部分粒径较大的推移质在忠水碛左汊入口处淤积，部分粒径较小的推移质继续向左汊下游输移，运行至象鼻子顺堤附近，受弯道环流作用，推移质泥沙在忠水碛碛翅与象鼻子深槽过渡段的斜坡处淤积，如图 3-33所示。

a)Q=9012m³/s

b)Q=14200m³/s

c)Q=21283m³/s

d)Q=46000m³/s

图 3-33　忠水碛左汊推移质泥沙输移淤积区域（肖家石盘出口 94 号断面加沙）

（3）加沙断面位于肖家石盘下游附近（94 号断面），全断面河宽都有推移质输移，忠水碛碛滩上输移的推移质部分输向左汊，部分输向右汊，左汊推移质在忠水碛碛翅与象鼻子深槽过渡段的斜坡处淤积；右汊推移质输移带位于忠水碛碛翅，覆盖航线左侧的一半；推移质在忠水碛右碛翅附近及堆子石前深槽有少量淤积，如图 3-34 所示。

由此可见，忠水碛左汊推移质泥沙淤积有来自肖家石盘上游的推移质，也有来自当地推移质；忠水碛右汊推移质淤积基本上来自当地推移质。

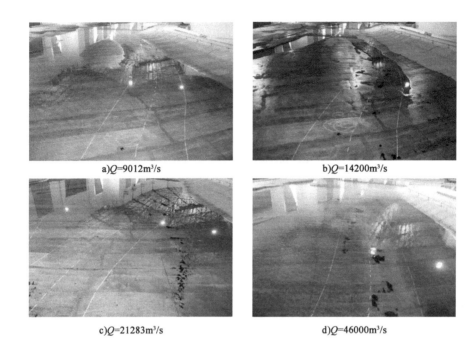

图3-34 忠水碛右汊推移质泥沙输移淤积区域(肖家石盘出口94号断面加沙)

3.3 干支流突发洪水的卵砾石推移质局部淤积碍航机理

3.3.1 两江汇流特性

3.3.1.1 三站流量闭合差分析

根据朱沱、北碚、寸滩三站近21年的流量闭合差$[=(Q_{朱沱}+Q_{北碚}-Q_{寸滩})/Q_{寸滩}]$统计,闭合差接近正态分布(图3-35)。闭合差变化范围为$-26.23\%\sim43.85\%$,平均为-3.4%,约为集水面积差的2倍,与径流量差-3.56%接近。

由此可见,三站流量是很难满足闭合条件,能满足99%、98%、95%闭合条件的概率分别为10.90%、22.23%、55.23%。汇流比分析时采用寸滩站为总流量,朱沱、北碚站流量同比缩放的方式进行汇流比分析更符合实际。

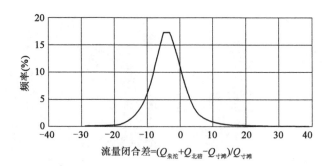

图 3-35   三站流量闭合差频率分布图

3.3.1.2   汇流比总体分析

设两江总流量 Q_T,汇流前长江干流流量为 Q_C,嘉陵江流量为 Q_J,则长江汇流比 R_C,$R_C = Q_C / (Q_C + Q_J)$。定义频率汇流比 R_p 表示大于和等于该汇流比所占的天数占统计总天数(统计流量范围内)的 $p\%$,如 R_{10} 表示大于和等于该汇流比出现的概率为 10%。

从图 3-36 的长江汇流比 R_C 随流量的变化趋势看出:①整体情况下汇流比变化范围较宽(0.209 ~ 0.973),变化幅度达 0.764。②变化主要体现在各级流量汇流比的最小值(0.210 ~ 0.795),变幅为 0.585;而最大值变化却不大,范围为 0.931 ~ 0.971,变幅仅 0.04。③汇流比变化范围随着流量的增大而增宽,在 $Q = 30000 ~ 40000\mathrm{m^3/s}$ 时达到最大,然后又随流量增大有所缩窄。

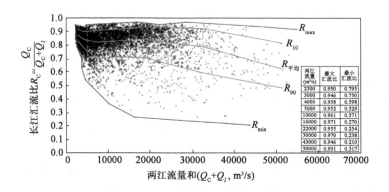

图 3-36   长江汇流比 R_C 随两江流量和的变化趋势

表 3-6 统计了分级流量的特征汇流比,各级流量平均汇流比在 0.625 ~ 0.877 之间变化,总体平均值为 0.834。图 3-37 绘制了分级流量情况下的汇流比频率密度曲线,可明显看出出现概率最多的汇流比,大多流量下为 0.87,具体见表 3-7。当流量超过 20000m³/s 后,嘉陵江大于长江流量的概率明显增大,最大可达到 16.3% 。

长江汇流比统计参数

表 3-6

流量范围 (m³/s)	特征汇流比								
	最小	R_{C90}	R_{C75}	R_{C50}	R_{C25}	R_{C10}	最大	平均	R_{Cfmax}
$Q < 3000$	0.776	0.833	0.858	0.877	0.900	0.922	0.954	0.877	0.87
$Q = 3000 \sim 4000$	0.632	0.802	0.831	0.863	0.886	0.906	0.944	0.857	0.87
$Q = 4000 \sim 5000$	0.547	0.767	0.809	0.847	0.877	0.902	0.952	0.839	0.85
$Q = 5000 \sim 10000$	0.426	0.703	0.786	0.838	0.879	0.910	0.958	0.821	0.87
$Q = 10000 \sim 16000$	0.317	0.713	0.799	0.857	0.894	0.920	0.967	0.833	0.87
$Q = 16000 \sim 22000$	0.267	0.705	0.801	0.874	0.915	0.938	0.972	0.842	0.91
$Q = 22000 \sim 43000$	0.221	0.595	0.717	0.827	0.895	0.925	0.973	0.788	0.91
$Q > 43000$	0.209	0.484	0.522	0.610	0.705	0.815	0.944	0.625	0.60
全体流量	0.209	0.729	0.806	0.855	0.889	0.916	0.973	0.834	0.87

注:R_{C90} 表示大于或等于该汇流比所占的天数占统计总天数(统计流量范围内)的 90%,依此类推,可理解为汇流比保证率;R_{Cfmax} 表示出现概率最多的汇率比(峰值汇流比)。

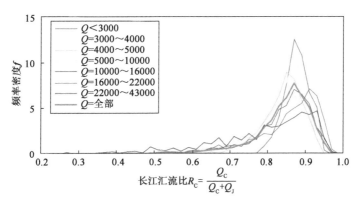

图 3-37 长江汇流比 R_c 频率密度随两江流量和的变化

分级流量下出现概率最大的汇流比和嘉陵江大于长江流量的概率　表3-7

流量范围 （m³/s）	出现概率最大的 汇流比	相应汇流比保证率 （%）	$R_C < 0.5$ 的概率 （%）
$Q < 3000$	0.87	60.6	0.00
$Q = 3000 \sim 4000$	0.87	44.6	0.00
$Q = 4000 \sim 5000$	0.85	48.4	0.00
$Q = 5000 \sim 10000$	0.87	31.7	0.60
$Q = 10000 \sim 16000$	0.87	41.7	1.02
$Q = 16000 \sim 22000$	0.91	29.0	1.38
$Q = 22000 \sim 43000$	0.91	17.0	5.30
$Q > 43000$	0.60	56.1	16.30
全体流量	0.87	38.9	1.03

3.3.2　重庆主城河段流量特征分析

3.3.2.1　重庆主城河段干支流来流量分析

据长江干流寸滩水文站1954—2018年的实测资料统计分析,将1954—2018年重庆主城河段干支流流量特征值统计列于表3-8,将其概率密度分布情况绘于图3-38。

1954—2018年重庆主城河段各时期流量统计（单位:m³/s）　表3-8

水文站	特征值	全年	消落期	汛期	蓄水期
寸滩	最大值	84300	49300	84300	46800
	最小值	1920	1920	4500	2090
	平均值	10782	4682	20336	7556
朱沱	最大值	52900	16700	52900	30300
	最小值	1930	1930	3420	2180
	平均值	8432	3569	15565	6038
北碚	最大值	43600	31500	43600	35900
	最小值	105	105	334	182
	平均值	2023	964	4073	1281

从表 3-8 可知,寸滩站实测多年径流量为 10782m³/s,基本等于朱沱站 (8432m³/s)、北碚站(2023m³/s)之和,其中汛期来流量最大,寸滩、朱沱、北碚汛期日均流量分别为其全年日均流量的 1.88 倍、1.86 倍、1.96 倍。各站全年最大流量值也都出现在汛期。

由图 3-38 可知,寸滩站流量值主要分布在 3000～4000m³/s 之间,出现频率最大的流量值为 3300m³/s,朱沱站的主要流量范围为 2000～3500m³/s 之间,出现频率最高的流量值为 2800m³/s,北碚站流量值主要分布在 800～1300m³/s 之间,出现频率最高的流量值为 1200m³/s。

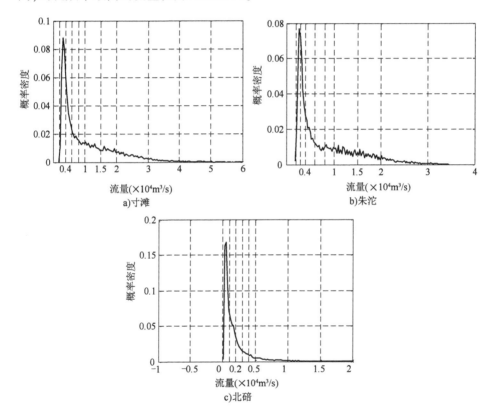

图 3-38　1954—2018 年重庆主城河段各时期流量统计(单位:m³/s)

将重庆主城河段干支流在典型年份的流量过程绘于图 3-39。山区自然地理及气象条件所造成的一个水文特点是,山区河流的流量变幅极大,其中干流的河流洪水流量往往为枯水流量的十几倍,最大可达 100 倍,而流量较小的支流这个比数就更大,最大可达数百倍。

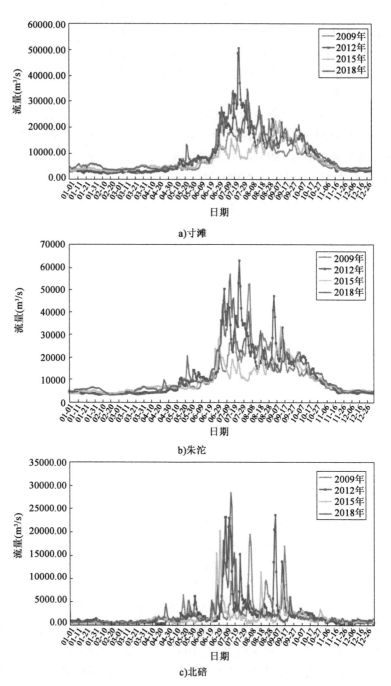

a)寸滩

b)朱沱

c)北碚

图 3-39 重庆主城河段干支流洪水过程年际间变化

由图3-39可见,各水文站洪峰呈锯齿形,而且年内变化甚大,往往一昼夜间每秒流量就上涨几万立方米,而在几天之内又完全退落。从寸滩、朱沱、北碚水文站各年流量过程对比图中可见,在每年的非汛期,各站的流量过程变化不大,在汛期,由于山区河流的水文特性,各水文站的年际洪峰次数、洪峰发生时间、流量变化幅度及变化过程差别极大,主要受集雨区暴雨影响,并无明显的变化规律。

3.3.2.2 重庆主城河段干支流来流量关系分析

由于朱沱站—寸滩站及北碚站—寸滩站之间的河道内并无其他大的支流汇入、汇出,在该河段内,流量的增加主要有集雨、下水道的汇入;流量的减少主要有城镇用水、河道的蒸发,通常情况下,朱沱站与北碚站的流量和应近似等于寸滩的流量值。

据寸滩、朱沱、北碚水文站1954—2018年实测数据统计分析,1954—2018年,朱沱站与北碚站的流量和占寸滩站流量比例的最大值为3.692,最小值为0.182,平均值为0.972(表3-9),其概率密度分布曲线如图3-40所示(1954—2011年)。从图中可知,该流量比绝大部分分布在0.9~1.1之间,仅有少量情况分布在其他区域。较小流量比主要出现在夏季干旱少雨的时候,高温增大蒸发量,加上少雨减少了雨水汇入,使该河段的水量损失远大于水量的汇入。较大的流量比主要出现在汛期,由于山区河流沿岸坡面陡峻,岩石裸露,径流系数大,汇流时间短,再加上降雨强度大,使该河段的流量猛涨,水量的汇入远大于水量的损失,该河段汇入的水量最大可达朱沱站与北碚站流量和的4.49倍。

蓄水前后($Q_{朱沱}+Q_{北碚}$)/$Q_{寸滩}$比例变化 表3-9

特征值	全年	消落期	汛期	蓄水期
最大值	3.692	3.692	2.174	2.041
最小值	0.182	0.475	0.182	0.622
平均值	0.972	0.976	0.968	0.972

从图3-40中可以看出,该流量比绝大部分都分布在0.90~1.10之间,误差一般都小于10%,其闭合条件能满足99%、98%、95%、90%的保证率分别为10.90%、22.23%、55.23%、88.9%。因此,可选用朱沱站和北碚站的流量数据分别代表该河段的主、支流来流量。对于个别误差超过10%的数据,拟选择寸滩水文站为计算基本站,采用同倍比放大、缩小的办法来修正主、支流的入口流量。

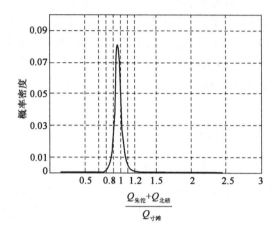

图3-40　1954—2011年$(Q_{朱沱} + Q_{北碚})/Q_{寸滩}$概率密度分布

3.3.3　汇流比对卵砾石运动影响分析

3.3.3.1　从起动流速分析汇流比对卵砾石运动影响

由式(3-3)可转化得到临界起动代表粒径D_{96}的表达式：

$$D_{96} = 2.083 \left(\frac{U_{\mathrm{C}}}{\sqrt{\dfrac{\gamma_{\mathrm{S}} - \gamma}{\gamma} g}} \right)^3 \frac{1}{h^{0.5}} \tag{3-3}$$

根据计算结果，将各时段各汇流比下猪儿碛断面的临界起动代表粒径D_{96}列于表3-10。

猪儿碛河段各时段各汇流比下临界起动粒径D_{96}对比　　　　表3-10

时段	时间	汇流比 R	平均流速 (m/s)	平均水深 (m)	重率系数	临界起动粒径D_{96} (mm)
消落期	—	0.08	1.67	8.76	1.65	78
	—	0.70	1.38	9.81	1.65	41
	差值	0.61	-0.29	1.05	—	-36
	增幅	738.84	-17.48	11.99	—	-46.90

续上表

时段	时间	汇流比 R	平均流速 （m/s）	平均水深 （m）	重率系数	临界起动 粒径 D_{96} （mm）
汛期	—	0.06	2.91	14.86	1.65	315
	—	0.28	2.47	16.93	1.65	181
	差值	0.22	−0.44	2.07	—	−135
	增幅	343.37	−15.10	13.93	—	−42.67
蓄水期	—	0.10	2.15	8.62	1.65	166
	—	0.61	1.80	10.00	1.65	91
	差值	0.51	−0.35	1.38	—	−0.76
	增幅	503.27	−16.28	16.01	—	−45.52

注：$R = Q_{北碚}/Q_{朱沱}$。

由表 3-10 可知，随着汇流比 R 增大，猪儿碛河段临界起动粒径 D_{96} 呈减小趋势，在消落期、汛期、蓄水期，猪儿碛河段临界起动粒径 D_{96} 最大减少值分别为 36mm、135mm、76mm，最大减少幅度分别为 46.90%、42.67% 和 45.52%。

3.3.3.2　从水流强度分析汇流比对卵砾石运动影响

根据计算结果，将各时段各汇流比下猪儿碛断面的输沙强度 Φ 列于表 3-11。由表 3-11 可知，在流量 Q 相同的情况下，汇流比 R 增大，水流强度 Θ 减小，输沙强度 Φ 减小。同时，在消落期、汛期和蓄水期，猪儿碛河段因汇流比 R 的变化可引起输沙强度 Φ 减小值最大幅度分别为 25.08%、64.65% 和 24.31%。

猪儿碛河段各时段各汇流比下输沙强度 Φ 对比　　　　　　表 3-11

时段	时间	汇流比 R	平均水深 （m）	水面比降 （‰）	D_{96} （mm）	D_{50} （mm）	水流强度 Θ	输沙强度 $\Phi \times 10^{-4}$
消落期	—	0.08	8.76	0.29	77.61	29.54	20.81	18.21
	—	0.70	9.81	0.22	41.21	17.14	21.46	13.64
	差值	0.62	1.05	−0.07	−36.40	−12.40	0.66	−4.57
	增幅	738.84	11.99	−25.14	−46.90	−41.98	3.16	−25.08
汛期	—	0.06	14.86	0.33	315.45	98.67	11.72	521.65
	—	0.28	16.93	0.27	180.85	61.15	12.97	340.64
	差值	0.22	2.07	−0.06	−134.60	−37.52	−0.01	−35.41
	增幅	343.37	13.93	−18.18	−42.67	−38.03	−22.03	−64.65

续上表

时段	时间	汇流比 R	平均水深 （m）	水面比降 （‰）	D_{96} （mm）	D_{50} （mm）	水流强度 Θ	输沙强度 $\Phi \times 10^{-4}$
蓄水期	—	0.10	8.62	0.35	166.00	56.81	15.38	147.08
	—	0.61	10.00	0.24	91.00	33.87	16.13	112.79
	差值	0.51	1.38	-0.11	-75.00	-22.93	0.74	-34.29
	增幅	503.27	16.01	-31.43	-45.18	-40.37	4.84	-23.31

3.3.3.3　对主城河段冲淤变化的影响

通过分析可知,河段的输沙强度与该断面的平均流速和平均水面比降乘积 HJ 大小成正比。根据计算成果,将胡家滩、三角碛和猪儿碛断面水深与水面比降乘积 HJ-汇流比 R 的关系列于表3-12。其中,胡家滩断面的水面比降用新港码头—上骆公子站(相距1.79km)的数据计算,三角碛的水面比降用舀鱼背—鹅公岩(相距3.60km)的数据计算,猪儿碛断面的水面比降用猪儿碛碛首—玄坛庙站(相距1.57km)的数据计算。

各断面水深与水面比降乘积 HJ-汇流比 R 关系表　　　　表3-12

流量 Q （m³/s）	汇流比 R	水深与水面比降乘积 HJ（$\times 10^{-2}$m）		
		胡家滩	三角碛	猪儿碛
3000	0.08	0.18	0.16	0.13
	0.10	0.16	0.15	0.14
	0.20	0.16	0.15	0.13
	0.30	0.15	0.15	0.12
	0.36	0.16	0.14	0.11
	0.70	0.12	0.12	0.11
5000	0.10	0.20	0.22	0.17
	0.21	0.20	0.23	0.15
	0.35	0.20	0.22	0.15
	0.61	0.20	0.21	0.18

流量 Q (m³/s)	汇流比 R	水深与水面比降乘积 HJ(×10⁻²m)		
		胡家滩	三角碛	猪儿碛
8000	0.11	0.27	0.26	0.27
	0.19	0.25	0.21	0.28
	0.29	0.26	0.22	0.27
	0.40	0.25	0.20	0.25
	0.71	0.22	0.17	0.18
	0.91	0.20	0.12	0.16
10000	0.05	0.29	0.27	0.36
	0.11	0.29	0.27	0.36
	0.23	0.28	0.23	0.30
	0.39	0.26	0.19	0.25
	0.70	0.24	0.16	0.22
20000	0.06	0.29	0.22	0.48
	0.12	0.30	0.23	0.49
	0.18	0.30	0.23	0.47
	0.28	0.25	0.18	0.40
30000	0.11	0.30	0.22	0.75
	0.16	0.30	0.21	0.67
	0.50	0.27	0.14	0.55

从表 3-12 可知,在同一级流量下,各断面的水深与水面比降乘积随着汇流比的增大而减小,即在流量不变的情况下,各断面的输沙强度随汇流比增大而减小。断面距离交汇口越远,其输沙强度受汇流比影响越小。此外,在流量小于 5000m³/s 时,各断面输沙强度对汇流比的变化并不敏感;当流量大于 8000m³/s 时,由汇流比引起的输沙强度变化逐渐增大。

从 2010 年分时段资料来看,消落期随着汇流比增大,整个重庆主城河段淤积量增加。汛期随着汇流比增加淤积量呈减少趋势,蓄水期随着汇流比增加淤积量呈增加趋势。

选取2010年来分析主城河段不同水位期不同汇流比重庆主城河段冲淤变化。

2010年重庆主城区河段累计淤积345.5万 m^3 ,滩槽分别淤积261.8万 m^3 、83.7万 m^3 ,见表3-13。冲淤过程如图3-41～图3-43所示。从冲淤分布来看,长江朝天门(CY15)以下、以上河段分别淤积130.8万 m^3 、135.4万 m^3 ,嘉陵江段淤积79.3万 m^3 。

2010年重庆主城区河段冲淤量成果表(单位:万 m^3)　　　表3-13

计算时段		长江干流		嘉陵江	全河段	平均汇流比
		汇口以下	汇口以上			
2010年消落期	2009-11-11—2010-03-15	-43.0	7.0	11.5	-24.5	0.15
	2010-03-15—2010-04-19	13.0	-9.7	15.2	18.5	0.21
	2010-04-19—2010-05-11	17.3	2.2	5.6	25.1	0.20
	2010-05-11—2010-05-25	15.5	45.6	-15.3	45.8	0.19
	2010-05-25—2010-06-11	13.3	25.3	77.3	115.9	0.32
	2009-11-11—2010-06-11	16.1	70.4	94.3	180.8	—
2010年汛期	2010-06-11—2010-07-15	70.7	63.1	27.1	160.9	0.23
	2010-07-15—2010-08-05	-101.0	67.3	-45.1	-78.8	0.63
	2010-08-05—2010-09-05	52.6	-2.5	3.0	53.1	0.35
	2010-09-05—2010-09-10	48.6	-84.9	-139.3	-175.6	0.35
	2010-06-11—2010-09-10	70.9	43.0	-154.3	-40.4	—
2010年蓄水期	2010-09-10—2010-09-18	-25.8	113.2	125.6	213.0	0.37
	2010-09-18—2010-09-30	-4.2	-125.0	-23.8	-153.0	0.31
	2010-09-30—2010-10-10	76.4	20.4	41.5	138.3	0.19
	2010-10-10—2010-10-20	-22.4	51.5	27.7	56.8	0.18
	2010-10-20—2010-10-29	-12.5	-50.9	0.9	-62.5	0.13
	2010-10-29—2010-11-18	10.9	68.4	-13.2	66.1	0.10
	2010-11-18—2010-12-16	21.4	-55.6	-19.4	-53.6	0.13
	2010-09-10—2010-12-16	43.8	22.0	139.3	205.1	—
2010年全年	2009-11-11—2010-12-16	130.8	135.4	79.3	345.5	—

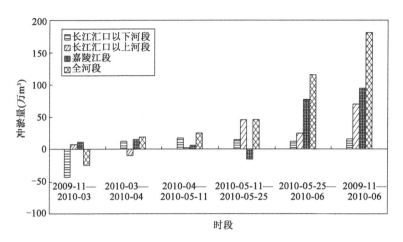

图 3-41　2010 年消落期重庆主城区河段冲淤过程及分布

1）消落期

2009 年 11 月 16 日—2010 年 6 月 11 日的消落期间，三峡水库坝前水位由 170.93m 消落至 146.37m，寸滩站水位也由 171.24m 下降至 163.47m，寸滩站平均流量为 4700m³/s。其间，坝前水位消落速度较慢，加之上游来流量总体偏小，走沙能力相对较弱，重庆主城区河段仍以淤积为主，淤积量为 180.8 万 m³，且表现为滩槽同淤，滩槽分别淤积 61.3 万 m³、119.5 万 m³。从冲淤分布来看，长江朝天门（CY15）以下、以上河段分别淤积 16.1 万 m³、70.4 万 m³，嘉陵江段淤积 94.3 万 m³。

2009 年 11 月 16 日—2010 年 3 月 15 日，三峡水库坝前水位由 170.93m 消落至 156.87m，寸滩站水位由 171.34m 下降至 160.02m，流量也由 4000～6000m³/s 逐渐减小至 3000m³/s 左右，平均流量 3880m³/s。朱沱站流量变化在 2160～5410m³/s 之间，平均流量 3140m³/s；北碚站流量变化在 327～1250m³/s 之间，平均流量 596m³/s，平均汇流比约为 0.15。水流逐渐归槽，重庆主城区河段长江干流段河床以冲刷为主，冲刷量为 36.0 万 m³，嘉陵江段则淤积泥沙 11.5 万 m³，全河段冲刷泥沙 24.5 万 m³。从冲淤分布来看，冲刷主要集中在朝天门（CY15）以下段，其冲刷量为 43.0 万 m³，朝天门以上段则仍有泥沙淤积，淤积量为 7.0 万 m³。

2010 年 3 月 15 日—2010 年 4 月 19 日，三峡水库坝前水位继续消落至 154.18m，寸滩站水位也下降至 159.61m，流量则基本稳定在 3400m³/s 左右，平均流量 3420m³/s。朱沱站流量变化在 2420～3010m³/s 之间，平均流量 2680m³/s；

北碚站流量变化在 217~885m³/s 之间,平均流量为 562m³/s;平均汇流比约为 0.21,水流流速较小,河床出现了一定淤积,但朝天门以上河床则有所冲刷。其间,全河段淤积泥沙 18.5 万 m³,从冲淤分布来看,朝天门以下淤积泥沙 13.0 万 m³,朝天门以上段则冲刷泥沙 9.7 万 m³,嘉陵江段则淤积泥沙 15.2 万 m³。

2010 年 4 月 19 日—2010 年 5 月 11 日,三峡水库坝前水位有小幅上升,其间水位由 154.18m 最高上升至 157.14m,寸滩站水位也由 159.61m 最高上涨至 162.86m,流量由 3200m³/s 逐渐增加到 7870m³/s 左右,平均流量 5950m³/s;朱沱站流量变化在 2820~5200m³/s 之间,平均流量 4180m³/s;北碚站流量变化在 685~1830m³/s 之间,平均流量 1170m³/s,平均汇流比约为 0.20,水流流速仍较低,河床以淤积为主。其间,全河段淤积泥沙 25.1 万 m³,滩槽分别淤积 19.9 万 m³、5.2 万 m³;从冲淤分布来看,以长江干流朝天门以下河段淤积为主,淤积泥沙 17.3 万 m³,长江干流朝天门以上段和嘉陵江段分别淤积 2.2 万 m³、5.6 万 m³。

2010 年 5 月 11 日—2010 年 5 月 25 日,三峡水库坝前水位继续消落至 151.81m,寸滩站平均水位 162.55m,平均流量为 7430m³/s。朱沱站流量变化在 4570~6500m³/s 之间,平均流量为 5540m³/s;北碚站流量变化在 819~2220m³/s 之间,平均流量为 1420m³/s,平均汇流比为 0.19。其间,全河段淤积泥沙 45.8 万 m³,且主要淤积在河槽内,河槽淤积量为 47.3 万 m³,河滩略冲 1.5 万 m³。从冲淤分布来看,长江干流朝天门以下、以上河段分别淤积 15.5 万 m³、45.6 万 m³,嘉陵江段则冲刷泥沙 15.3 万 m³。

2010 年 5 月 25 日—2010 年 6 月 11 日,三峡水库坝前水位进一步消落至 146.10m,其间重庆主城区河段已不受三峡库区蓄水影响,完全为天然河道状态。寸滩站流量逐步增加至 11500m³/s,平均流量为 9030m³/s;朱沱站流量变化在 4580~8500m³/s 之间,平均流量为 6670m³/s;北碚站流量变化在 664~3380m³/s 之间,平均流量为 2100m³/s 平均汇流比为 0.32。其间,重庆主城区全河段淤积泥沙 115.9 万 m³,表现为滩槽同淤,滩槽分别淤积 36.8 万 m³、79.1 万 m³。从冲淤分布来看,长江干流朝天门以下、以上河段分别淤积泥沙 13.3 万 m³、25.3 万 m³,嘉陵江段则淤积 77.3 万 m³。

2010 年消落期重庆主城区河段冲淤过程及分布如图 3-41 所示。

2)汛期

2010 年汛期为 6 月 11 日—9 月 10 日,主汛期中重庆主城区河段累计冲刷 40.4 万 m³,其中边滩淤积 119.7 万 m³,河槽冲刷 160.1 万 m³。从冲淤分布看,长江干流朝天门以下河段、长江干流朝天门以上河段分别淤积 70.9 万 m³、

43.0万 m³,嘉陵江段有较明显冲刷,累计冲刷154.3万 m³。

(1)2020年6月11日至2020年7月15日:寸滩站流量变化在11500m³/s~27500m³/s之间,平均流量为16300m³/s,水位波动在164.22~171.89m之间;朱沱站流量变化在7640~19800m³/s之间,平均流量为12600m³/s;北碚站流量变化在914~10300m³/s之间,平均流量2890m³/s。平均汇流比约为0.23。重庆主城区河段累计淤积160.9万 m³,其中边滩淤积127.5万 m³,河槽淤积33.4万 m³。从淤积分布看:长江干流朝天门以上河段淤积63.1万 m³,长江干流朝天门以下河段淤积70.7万 m³,嘉陵江段淤积27.1万 m³。

(2)2020年7月15日至2020年8月5日:寸滩站流量变化在17800m³/s~64900m³/s之间,平均流量为32900m³/s,水位波动范围在168.34~184.57m之间;朱沱站流量变化在12800~32300m³/s之间,平均流量为20000m³/s;北碚站流量变化在3500~30600m³/s之间,平均流量为12500m³/s。平均汇流比约为0.63。其间,重庆主城区河段冲刷78.8万 m³,其中边滩淤积23.1万 m³,河槽冲刷101.9万 m³。从冲淤分布看:淤积主要集中在长江干流朝天门以上河段,淤积67.3万 m³,长江干流朝天门以下河段冲刷101.0万 m³,嘉陵江段冲刷45.1万 m³。

(3)2020年8月5日至2020年9月5日:重庆寸滩站流量变化在12200m³/s(8月13日)~52000m³/s(8月24日)之间,平均流量为22800m³/s,水位变化在165.65~180.62m之间,平均水位为170.29m;朱沱站流量变化在10200~31800m³/s之间,平均流量为16300m³/s;北碚站流量变化在2130~20700m³/s之间,平均流量为5660m³/s。平均汇流比约为0.35。重庆主城区河段累计淤积53.1万 m³,其中边滩淤积24.0万 m³,河槽淤积29.1万 m³。从淤积分布看,淤积主要集中在长江干流朝天门以下河段,淤积52.6万 m³,长江干流朝天门以上河段略冲2.5万 m³,嘉陵江段略淤3.0万 m³。

(4)2020年9月5日至2020年9月10日:重庆寸滩站流量变化在20400(9月5日)~29300m³/s(9月10日)之间,平均流量为26300m³/s,水位变化在169.03~173.48m之间,平均水位为172.06m;三峡大坝坝前水位变化在157.87~161.24m之间,朱沱站流量变化在18700(9月5日)~21600m³/s(9月7日)之间;嘉陵江北碚站流量变化在3550(9月5日)~10300m³/s(9月10日)之间,平均汇流比为0.35。其间,重庆主城区河段累计冲刷175.6万 m³,滩、槽分别冲刷54.9万 m³、120.7万 m³。从冲淤分布看,长江干流朝天门以下河段以淤积为主,淤积48.6万 m³,长江干流朝天门以上河段冲刷84.9万 m³,嘉陵江段冲刷

139.3 万 m³。各重点河段中,九龙坡河段、猪儿碛河段和金沙碛河段呈冲刷状态,分别冲刷 19.3 万 m³、19.7 万 m³ 和 22.6 万 m³,寸滩河段淤积 11.8 万 m³。

2010 年汛期重庆主城区河段冲淤过程及分布图如图 3-42 所示。

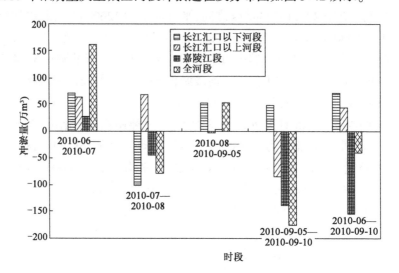

图 3-42　2010 年汛期重庆主城区河段冲淤过程及分布图

3) 蓄水期

2010 年蓄水期为 2010 年 9 月 10 日—2010 年 12 月 16 日,蓄水期间重庆主城区河段累计淤积 205.1 万 m³,滩、槽分别淤积 80.8 万 m³、124.3 万 m³。从淤积分布看,淤积主要集中在嘉陵江段,共淤积 139.3 万 m³,长江干流朝天门以下河段淤积 43.8 万 m³,长江干流朝天门以上河段淤积 22.0 万 m³。从冲淤过程可见,淤积主要是出现在 2010 年 9 月 10 日至 2010 年 9 月 18 日间 37800m³/s 的洪水过程,其间共淤积 213.0 万 m³,2010 年 9 月 18 日至 2010 年 12 月 16 日间各测次冲淤相间,冲淤基本平衡,其间累计仅略冲 7.9 万 m³。

(1)2010 年 9 月 10 日和 2010 年 9 月 18 日:重庆寸滩站流量变化在 37800(9 月 11 日)~18300m³/s(9 月 16 日)之间,平均流量为 24900m³/s,水位变化在 176.02~170.37m 之间;三峡大坝坝前水位总体抬高,变化在 161.69~162.78m 之间;朱沱站流量变化在 20200(9 月 12 日)~15400m³/s(9 月 15 日)之间,平均流量为 17300m³/s;嘉陵江北碚站流量变化在 16400(9 月 12 日)~2350m³/s(9 月 17 日)之间,平均流量为 6420m³/s。平均汇流比为 0.37。其间,重庆主城区河段累计淤积 213.0 万 m³,滩、槽分别淤积 93.1 万 m³、119.9 万 m³。从冲淤分布看:长江干流朝天门以下河段以冲刷为主,量为 25.8 万 m³;长江干流朝天门以上河段和嘉陵江段分别淤积113.2万m³、125.6万m³。

(2)2010年9月18日和2010年9月30日:重庆主城区河段流量逐渐减小,寸滩站流量由9月18日的20900m³/s减小至9月30日的13600m³/s(平均流量为16900m³/s),水位也由170.60m下降至167.73m(平均水位为169.23m);长江朱沱站流量由9月18日的16700m³/s减小至9月30日的10000m³/s,平均流量为13100m³/s;北碚站流量变化范围在3960(9月22日)~1240m³/s(9月28日)之间,平均流量为2750m³/s,两江汇流比为0.21。三峡大坝坝前水位在2010年9月18日至2010年9月22日间较为平稳,维持在162.64~162.76m间,而后进入先降后升过程,9月22日至9月27日由162.64m降至161.63m,9月26日至9月30日又逐渐抬升至162.60m。其间,重庆主城区河段累计冲刷153.0万m³,滩、槽分别冲刷93.2万m³、59.8万m³。从冲淤分布看:长江干流朝天门以下河段略有冲刷,冲刷量为4.2万m³;长江干流朝天门以上河段和嘉陵江段分别冲刷125.0万m³、23.8万m³。

(3)2010年9月30日至2010年10月10日:三峡大坝坝前水位明显抬高,由2010年9月30日的162.60m抬高至2010年10月10日的168.96m。其间,重庆主城区河段流量总体呈先涨后跌过程,变化在13700(9月30日)~15600(10月4日)~12400m³/s(10月10日,平均流量为13400m³/s),寸滩站水位受坝前蓄水顶托影响由167.73m逐渐抬高至170.84m(平均水位为169.25m);长江朱沱站流量变化在范围9370(10月8日)~12100m³/s(10月4日)之间,平均流量为10500m³/s;北碚站流量变化范围在1050m³/s(10月8日)~2940m³/s(9月30日)之间,平均流量为2000m³/s。两江汇流比0.19。其间,重庆主城区河段累计淤积138.3万m³,滩、槽分别淤积65.4万m³、72.9万m³。从冲淤分布看:长江干流朝天门以下河段、长江干流朝天门以上河段和嘉陵江段均为淤积,淤积量分别为76.4万m³、20.4万m³、41.5万m³。

(4)2010年10月10日至2010年10月20日:三峡大坝坝前水位继续抬高,由10月10日的168.96m抬高至10月20日的174.19m。其间,寸滩站10月10日流量为12000m³/s,10月20日流量为14000m³/s,流量变化范围在11600(10月18日)~14000m³/s(10月20日)之间,平均流量为12500m³/s。寸滩站水位受坝前蓄水顶托影响由170.84m继续抬高至175.62m(平均水位173.49m);长江朱沱站流量变化范围在9620(10月17日)~12000m³/s(10月20日)之间,平均流量10500m³/s;嘉陵江北碚站10月10日流量为1950m³/s,10月20日流量为2100m³/s,流量变化范围在1310(10月12日)~2690m³/s(10月11日)之间,平均流量为1890m³/s。两江汇流比0.18。其间,重庆主城区河段累计淤积56.8

万 m³,滩、槽分别淤积 32.7 万 m³、24.1 万 m³。从冲淤分布看,长江干流朝天门以上河段和嘉陵江段均为淤积,淤积量分别为 51.5 万 m³、27.7 万 m³,长江干流朝天门以下河段冲刷 22.4 万 m³。

(5)2010 年 10 月 20 日至 2010 年 10 月 29 日:2010 年 10 月 20 日至 2020 年 10 月 26 日 9 时,三峡大坝坝前水位由 174.19m 蓄至 175.00m,标志着 2010 年三峡工程 175m 蓄水任务顺利完成,工程也将全面发挥防洪抗旱、发电、航运、补水等综合效益。2010 年 10 月 26 日至 2010 年 10 月 29 日,坝前水位维持在 174.80~175.0m 间运行。其间,重庆主城区各河段流量总体呈消退状态,寸滩站流量由 10 月 20 日 14000m³/s 消退至 10 月 29 日 9660m³/s,平均流量为 11800m³/s,寸滩站水位受三峡蓄水影响变化在 175.55~176.03m 之间(平均水位175.78m);长江朱沱站流量由 10 月 20 日 12000m³/s 减小至 10 月 29 日 8990m³/s,平均流量为 10400m³/s;嘉陵江北碚站流量由 10 月 20 日 2100m³/s 消退至 10 月 29 日的 333m³/s,平均流量为 1310m³/s。两江汇流比 0.13。其间,重庆主城区河段无明显冲淤变化,累计略冲 62.5 万 m³,其中河槽冲刷 64.2 万 m³,边滩略淤 1.7 万 m³。从冲淤分布看:冲刷主要集中在长江干流朝天门以上河段,共冲刷 50.9 万 m³,长江干流朝天门以下河段冲刷 12.9 万 m³,嘉陵江段均冲淤基本平衡,略淤 0.9 万 m³。

(6)2010 年 10 月 29 日至 2010 年 11 月 18 日:三峡大坝坝前水位维持在 174.47~175.00m 间运行,平均水位 174.78m。其间,重庆主城区各河段流量总体呈消退状态,寸滩站流量由 2010 年 10 月 29 日 9660m³/s 消退至 2010 年 11 月 18 日的 5630m³/s,平均流量为 7610m³/s。寸滩站水位在 174.84~175.65m 之间(平均水位 175.19m)。长江朱沱站流量由 2010 年 10 月 29 日的 8990m³/s 减小至 11 月 18 日的 4550m³/s,平均流量为 6300m³/s;嘉陵江北碚站流量在 302~1830m³/s 间波动,平均流量为 644m³/s。两江汇流比 0.10。其间,重庆主城区河段累计淤积 66.1 万 m³,其中河槽淤积 69.8 万 m³,边滩略淤 6.3 万 m³。从冲淤分布看,淤积主要集中在长江干流朝天门以上河段,共淤积 68.4 万 m³,长江干流朝天门以下河段淤积 10.9 万 m³,嘉陵江段冲刷 13.2 万 m³。

(7)2010 年 11 月 18 日至 2010 年 12 月 16 日:三峡大坝坝前水位维持在 174.51~174.80m 间运行,平均水位 174.63m。其间,重庆主城区各河段流量总体较平稳,仅略有减小,寸滩站流量变化范围在 4110~6820m³/s 之间,平均流量为 5260m³/s,寸滩站水位在 174.63~174.99m 之间(平均水位 174.75m);长江朱沱站流量变化范围在 3330~5200m³/s,平均流量 4300m³/s;嘉陵江北碚站流量在 266~1340m³/s 间波动,平均流量为 545m³/s。两江汇流比 0.13。其间,重庆主城区河段无明显冲淤变化,仅略冲 53.6 万 m³,滩槽分别冲刷 25.2 万 m³、28.4 万 m³。从冲淤分布看,冲刷主要集中在长江干流朝天门以上河段,共冲刷 55.6 万 m³,长江干流朝天门以下河段淤积 21.4 万 m³,嘉陵江段冲刷 19.4 万 m³。

2010 年蓄水期重庆主城区河段冲淤过程如图 3-43 所示。

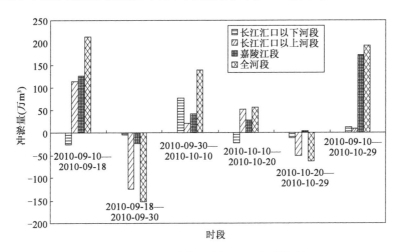

图 3-43　2010 年蓄水期重庆主城区河段冲淤过程

3.4　本章小结

本章主要通过原型观测、模型试验、实测资料分析以及理论模型等方法,从微观到宏观尺度研究了三峡变动回水区推移质运动规律,得出如下结论:

(1)GPVS 应用于胡家滩、三角碛等六个典型滩段推移质原型观测,通过分析 GPVS 采集信号,拟合等容粒径与卵砾石运动信号幅值关系,估算六个滩段日均粒径,进一步计算输移量,同时也证明了 GPVS 在大型河流中观测卵砾石输移的可行性。

(2)三峡变动回水区消落期及汛期时段,占碛子、三角碛、洛碛以及王家滩河段疏浚区沿程河床地形变化呈现高低起伏交替,说明航槽卵砾石推移质存在着较为明显的沙波运动。各滩段沙波波幅在 0.6~1.6m 之间,平均波长与该时段时间末点的平均水深呈一定的线性关系,沙波平均波长 $\lambda \approx 5h$。

(3)三峡变动回水区广阳坝、洛碛以及长寿段输沙试验可知,广阳坝河段在 $Q = 25000\text{m}^3/\text{s}$ 以下流量时,卵砾石推移质输移主要以航道浅滩为主,铜锣峡内槽蓄的卵砾石不能从深槽输出;当流量在超过30000m³/s时,卵砾石开始从铜锣峡深槽向浅滩输移。洛碛河段洪水期输沙带顺河道中部上洛碛洲滩而下,中洪水期推移质输沙带主要沿南坪坝左汊河道的白鹤梁、鸭子石礁石区的左侧主槽向下游输移,中低水期水流主要输移洪水期在南坪坝洲尾附近河道内淤积的泥沙,至上洛碛中部的过年石附近,输沙带宽度又缩至最窄。长寿河段在流量小于10000m³/s时,推移质泥沙输移量较少;流量大于10000m³/s时,推移质开始有所输移。忠水碛左汊推移质泥沙淤积有来自肖家石盘上游的推移质,也有来自当地的推移质;忠水碛右汊推移质淤积基本上来自当地推移质。

(4)从长江汇流比 R_c 随流量的变化趋势看出:①整体情况下汇流比变化范围较宽(0.209 ~ 0.973),变化幅度达0.764;②变化主要体现在各级流量汇流比的最小值(0.210 ~ 0.795),变幅为0.585,而最大值变化却不大,范围为0.931 ~ 0.971,变幅仅0.04;③汇流比变化范围随着流量的增大而增宽,当 $Q = 30000 ~ 40000m³/s$ 时达到最大,然后又随流量增大有所缩窄。从实测资料分析来看,整个重庆主城河段淤积量消落期随着汇流比增大而增加,汛期随着汇流比增加呈减小趋势,蓄水期随着汇流比增加淤积量呈增加趋势。

第4章
三峡入库推移质沙量变化
及输移过程预测

长江上游梯级水库的修建明显改变了三峡库尾水沙条件。为了解三峡入库推移质来沙量变化,建立长江上游干流长时段长河段平面二维非恒定流数学模型,并重构了一种基于非均匀卵砾石推移质颗粒输移随机过程模拟的三峡变动回水区卵砾石推移质沙量变化预测方法,实现了天然或清水冲刷后长河段、长时段卵砾石推移质输移过程与三峡入库推移质沙量预测模拟;构建了三峡库尾航道平面二维水沙数学模型,以2008—2017年作为长系列水沙代表年,模拟天然条件下未来30年泥沙冲淤变化过程,并分析其间重点河段泥沙冲淤及推移质输移对航槽的影响。

4.1 三峡入库卵砾石推移质来量研究

长江上游干流三峡水利枢纽、金沙江、岷江、嘉陵江等主要支流修建梯级水利水电工程后,长江干流河道卵砾石推移质的上游河道来源大幅减少,卵砾石推移质来源主要靠河床泥沙补给和金沙江向家坝水电站下游支流汇入。

4.1.1 三峡库尾卵砾石推移质运动特性概述

三峡水库变动回水区卵砾石推移质主要来自长江上游叙渝河段,该段河道大都流经低山丘陵地区,两岸山势平缓,河谷阶地较发育。宽谷段一般流经复向斜,河谷开阔,河槽内多边滩和江心滩。河道宽窄相间,碛坝、弯道沿程分布较多,弯道平顺,外形稳定。

这些碛坝一般出现在河床宽阔顺直段、河床弯曲放宽段、河床展宽分汊段、峡谷上游宽段以及支流入汇段,在洪水期水位上升时,比较趋缓,流速减少,河床产生卵砾石或中粗砂淤积;汛后退水时间河床产生冲刷。多年来,这些碛坝基本稳定,局部冲刷幅度较大。由于弯道环流的作用,大水趋直,小水坐弯,在弯道的凸岸一侧及弯道过渡段形成的砂卵石碛坝,一般来讲多年来基本稳定,但受泥沙补给和弯道水流影响,局部冲刷幅度仍较大。年内的冲淤基本上是汛期淤积,汛后冲刷。一般是7月、8月、9月为淤积期,汛后10月、11月为主要冲刷期,浅滩冲刷期较短。而在宽窄相间河段的窄深段,形成深槽河段,深槽河段卵砾石推移质恰恰相反,表现为"洪冲枯淤",致使卵砾石推移质输移沿程呈间歇性。近年来,随着溪洛渡、向家坝电站建成运行后,金沙江来沙量大幅减少,加之受河道采砂影响,河道呈冲刷状态。

山区卵砾石河流,特别是梯级水库修建等强人类影响下冲淤频繁交替的山区性河流,由于上游泥沙补给条件突变,卵砾石河床往往处于粗化细化交替过程中。每一条河流由于其来水来沙条件的不同,卵砾石河床表层床沙结构不同,起动条件也不相同。即使是同一条河流,在枯水期和汛期、汛前和汛后、洪峰前和峰后,其床沙的位置特性也不尽相同,床沙起动条件也不尽相同。目前的起动流速、输移率计算公式还不能完全概括这些与床沙粗化细化过程有关的卵砾石推移质运动特征。

非均匀床沙在一定水流条件下,可能处于静止、部分可动和全部可动状况。非均匀沙某级粒径的临界可动条件不仅与水流条件有关,也与泥沙级配组成有关,还与床沙位置、上游泥沙补给有密切的关系,因此,床沙临界起动条件亦具有相异的特点。以一水槽试验为例,把非均匀沙(宽级配)铺在床面上,放入流量为 Q 的清水,清水冲刷床面达到粗化稳定层完全形成,输移率为0时停水;然后再放入同一流量为 Q 的清水,此时床沙均不起动,再停水,取床沙表层粗化层级配,按此级配重新配沙铺在水槽中,并放入同样水流,则部分细砂会被起动输移。两者的主要差异在于卵砾石河床的粗化细化程度不一样,前者粗化程度高,后者则反之。这就反映出同样水流条件和床沙级配下,由于床沙位置特性不同,而产生了起动流速、推移质输移率也不相同。当前的临界起动和推移质输移率计算方法尚不能完全反映上述现象。前期众多对床沙粗化过程的研究,主要集中于粗化层形成特征,而对粗化过程中的泥沙起动和输移过程研究甚少。反之,作为粗化过程的反过程——细化过程,在水流相同条件下,细化程度越大,则输移强度亦较高。冲刷粗化过程的输沙强度明显小于淤积(细化过程)的输移强度。此外,粗化、细化是一连续过程,冲刷过程中有着不同的粗化程度,淤积过程中亦存在不同的细化程度,不同程度的粗化细化河床表层调整过程,其推移质输移规律也不同。

受自然和强人类活动影响,河流泥沙补给条件的不同,山区性河流卵砾石推移质输移特征可能表现为三类四种情况(图4-1)。

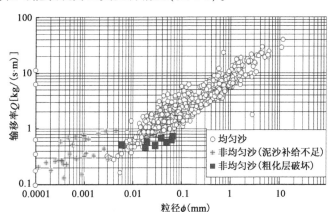

图4-1　泥沙补给变化下的推移质输移率变化示意图

第一类:上游泥沙补给不足。

(1)高坝大库建设等强人类活动影响下,清水冲刷河床粗化完成后,上游无卵砾石泥沙补给,卵砾石推移质输移率为0或接近0的状态。

(2)泥沙补给不够充分,伴随卵砾石粗化河床表层床沙结构调整,非均匀推移质输移率与卵砾石河床粗化程度密切相关。

第二类:上游泥沙补给充分。

上游泥沙补给充分或饱和来沙,相当于非均匀沙水槽平衡输沙循环加沙试验。

第三类:床沙补给突变。

卵砾石河床粗化层破坏过程中,非均匀推移质输移率突变陡增。

对于均匀沙而言,泥沙补给来源是确定的,即是由水流条件、泥沙颗粒大小确定的,已有大量的均匀沙推移质计算公式,如爱因斯坦、梅叶-彼特、沙莫夫、阿克斯-怀特、恩格隆公式等来进行计算。

而非均匀卵砾石推移质输移不仅与水流条件有关,还与泥沙补给条件密切相关。三峡库尾河段卵砾石推移质泥沙补给来源有二:其一为河床泥沙补给,其二是向家坝下游支流汇入。

对于天然河流而言,在长期的流域泥沙补给条件下,卵砾石河流河床结构通过长期的适应性调整,达到一种准平衡状态:上游泥沙补给部分输移向下游、部分受水力条件沿程减弱而沉积下来,尤其是粗颗粒。通常,一条山区性河流的泥沙补给总是小于水流输移能力(山区河流因滑坡、泥石流等形成超量泥沙补给除外),河床总是处于粗化过程中。

三峡水库上游金沙江、岷江、嘉陵江等主要支流修建梯级水利水电工程后，长江上游干流河道卵砾石推移质的上游河道来源大幅减少，砂卵石来源主要是河床泥沙补给和金沙江向家坝水电站下游支流汇入，加之向家坝枢纽至重庆河道采砂和河道(航道)疏浚等人类活动影响，三峡入库河段的卵砾石推移质运动非常复杂，河床泥沙补给条件存在不确定性。

4.1.2　三峡水库入库推移质随机过程模拟

4.1.2.1　长江上游宜宾至重庆河段水流条件数学模拟

三峡入库卵砾石推移质来量与长江干流宜宾至重庆河段水流条件密切相关。为此，研发了兼顾计算精度、效率、稳定性的长江上游干流长时段长河段平面二维非恒定流数值模拟方法；采用基于欧拉-拉格朗日方法(ELM)的隐式格式对水流方程进行初步求解，摆脱了常规欧拉方法的收敛条件判断数 CFL(Courant-Friedrichs-Lewy condition，柯朗-弗里德里希斯-列维条件)条件限制，计算效率大为提高，较好地满足了模型跨尺度计算的要求；针对 ELM 追踪是基于流线追踪，对于复杂的非恒定流，其流线与迹线相差较大的特点，在隐式求解的基础上，通过特征分裂算法显式迭代修正流场和水位，还原了一些被隐式算法抹去了流场信息，提高了计算精度，实现了金沙江、岷江建库后，长江上游干流山区性河段日调节非恒定流传播过程的数值模拟。通过多场典型非恒定流传播过程的数值模拟结果与实测水位数据的对比验证，验证图如图 4-2 所示。非恒定流过程模拟与实测结果高度一致，并成功实现了非恒定流传播过程中水位流量关系绳套现象的模拟，为三峡入库卵砾石推移质来量研究提供了良好的水流条件基础。

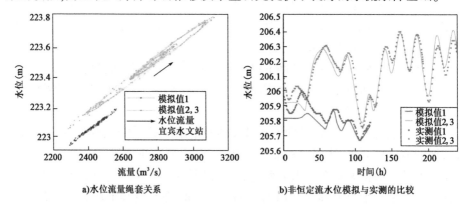

a)水位流量绳套关系　　　　　　　b)非恒定流水位模拟与实测的比较

图 4-2　长江上游叙渝河段非恒定流过程模拟

4.1.2.2　三峡入库推移质随机过程模拟

鉴于三峡水库入库卵砾石推移质沙量与变化趋势预测,长江上游宜宾至重庆河段河床都会面对可动泥沙沿程分布、卵砾石推移质输移可动层河床床沙级配等河床边界条件不确定性问题。

为此,重构了一种基于非均匀卵砾石推移质颗粒输移随机过程模拟的三峡变动回水区卵砾石推移质沙量变化预测方法,实现了天然或清水冲刷后长河段、长时段卵砾石推移质输移过程与三峡入库推移质沙量预测模拟。

在水流模型的基础上,考虑卵砾石推移质颗粒的非均匀性,在间歇朗之万方程[Fan et al., JGR(2014),WRR(2016)]的基础上,建立了非均匀颗粒间歇朗之万[Fan et al., *Journal of Hydrology*(2017)]模型。模型表明,非均匀颗粒违背了独立同分布假定,因此从均匀颗粒出发,推导得到的推移质运动扩散特性无法推广到非均匀推移质运动颗粒;非均匀推移质颗粒运动表现出的规律不是反常扩散,而是沿程分选(图4-3),推移质颗粒时空分布方差 $\sigma^2(x,t)$ 可表达为下式:

$$\sigma^2(x,t) = \alpha t^{\beta} \tag{4-1}$$

式中:σ^2——位移方差(m^2);

β——颗粒的扩散属性系数,对于非均匀卵砾石推移质颗粒,$\beta = 2$;

t——时间(s)。

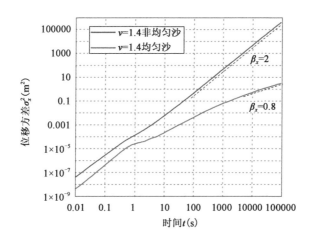

图4-3　非均匀推移质沿程分选特征

由此,构建了非均匀卵砾石推移质输移量沿程分选概率计算模型。

$$Q_{\mathrm{b}}(L) = Q_{\mathrm{b}0}P(x \geq L) \tag{4-2}$$

$$P(x \geqslant L) = 1 - \int_0^L f(x)\,\mathrm{d}x$$

$$f(x) = \frac{\pi}{2}x\mathrm{e}^{-\frac{\pi}{4}x^2}$$

$$x = \frac{l(t)}{u_b t}$$

式中:Q_b——推移质输移量(kg/s);

$\quad Q_{b0}$——河段进口推移质补给量(万 t/年);

$\quad \overline{u_b}$——推移质平均运动速度(km/年);

$\quad L \,、l(t)$——推移质运动距离(km)。

由此可实现天然或清水冲刷后长河段、长时段卵砾石推移质输移过程与三峡入库推移质输移量预测模拟。

为了克服长江干流宜宾至重庆河段床沙级配、结构变化等边界条件不确定性问题带来的影响,数值模拟计算过程中,首先在长江上游宜宾预先投放推移质泥沙 500 年,重构宜宾至重庆河段沿程可动泥沙组成;然后考虑上游梯级水电站建设后,在坝下游无卵砾石推移质补给的"清水"冲刷条件下,再计算 100 年沿程推移质年均输移量变化过程,模拟计算结果如图 4-4 所示。

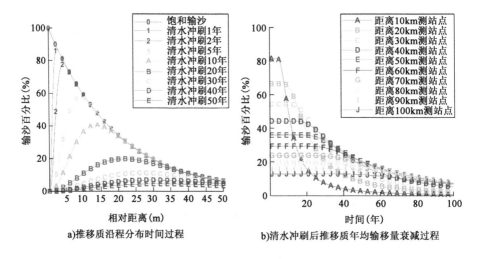

图 4-4 长江上游叙渝河段推移质输移量时空分布

根据宜宾至三峡入库河段水沙条件,计算卵砾石推移质年均运动距离后,选择三峡入库断面站点位置,即可预测未来 30 年三峡入库推移质输移量变化过程与变化趋势。虽然这种模拟方法仍然非常复杂且忽略了一些河道复杂边界影响，但为认识长江上游叙渝河段天然和建库后卵砾石推移质输移规律提供了比较清晰的物理过程图景。

4.1.3　三峡水库库尾河道卵砾石推移质输移量预测方法

4.1.3.1　泥沙补给与输沙能力双重限制下的推移质输移基本方程

虽然4.1.2节提出的模拟方法复杂且忽略了一些河道复杂边界影响，但总体趋势和实际情况是吻合的，反映出了长江上游叙渝河段推移质运动受泥沙补给与推移质输移能力双重限制下推移质输移量时空分布的本质特征。

在此基础上，通过水槽试验观测与成果分析，寻求到泥沙补给变化下推移质输沙率随时间衰减过程表达方式——Logistics方程：

$$\frac{dQ_b}{dt} = -\beta \frac{1}{T^*} Q_b \left(1 - \frac{Q_b}{Q_b^*}\right) \tag{4-3}$$

式中：Q_b——推移质输移量(kg/s)；

$\quad\quad Q_b^*$——推移质输移能力(kg/s)；

$\quad\quad T^*$——推移质冲刷交换时间(s)；

$\quad\quad \beta\dfrac{1}{T^*}$——衰减指数。

对于推移质输沙率水槽试验，上述基本方程可转变为：

$$\frac{dG_b}{dt} = -\beta \frac{1}{T^*} G_b \left(1 - \frac{G_b}{G_b^*}\right) \tag{4-4}$$

式中：G_b——单宽推移质输沙率[$kg/(s \cdot m)$]；

$\quad\quad G_b^*$——单宽推移质输移能力[$kg/(s \cdot m)$]。

4.1.3.2　推移质输移基本方程与水槽试验成果检验

水槽试验是在四川大学水力学与山区河流开发保护国家重点实验室河流泥沙大厅进行的。试验水槽长37m，宽1m，高0.6m，试验有效长度为21m，水槽中部12.3m长的玻璃段为试验观测段，用以拍照、摄像和观察试验现象。试验过程中，水位是通过设置在水槽距出口距离13m、17m、21m和25m处的四个水位仪进行测量，这样也能够对水槽的水位变化进行实时测量。在水槽出口处设有推移质输移率自动测量系统,能够不间断地对试验过程中的推移质进行测量,每隔1s对推移质输移率以及累计质量进行测量。图4-5为试验水槽的整体布置示意图。图4-6为水槽整体与局部实拍图。

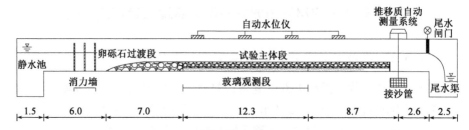

图4-5　水槽整体布置示意图(尺寸单位:m)

图4-6　水槽整体与局部实拍图

1)推移质输移测量

试验过程中的推移质输移是通过设置在水槽末端的推移质不间断测量系统进行测量。其测量系统主要由牵引绳、定滑轮、集沙箱导向支架、导轨等构成。具体系统结构示意图如图4-7所示。

推移质不间断测量系统的称重与起重装置实物图如图4-8所示。

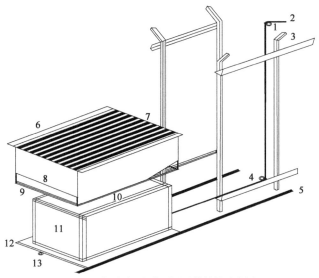

图4-7 推移质不间断测量系统结构示意图

1-牵引绳;2,4,13-定滑轮;3-集沙箱导向支架;5-导轨;6-平流挡板;7-隔板漏斗;8-集沙箱;9-沙篮水平支架;10-集沙网;11-集沙箱;12-集沙箱小车

图4-8 推移质不间断测量系统的称重与起重装置实物图

推移质不间断测量系统主要分为两个部分:一部分为接沙系统,试验过程中的泥沙颗粒通过隔板漏斗掉入集沙篮中,集沙篮上端连接有高精度电子秤。电子秤可以对集沙篮的重量进行实时测量,每次测量的时间间隔为1.0s。另一部分为倒沙系统,由于试验水槽规模较大,每次试验集沙篮会聚集大量的泥沙,因此又额外设计了倒沙系统。该系统主要由水下的集沙箱、平板小车以及起吊装置组成。当集沙篮中的泥沙质量接近最大量程时,可以人工打开接沙漏斗的开关,将集沙篮中的泥沙倒入水下的集沙箱中,直到集沙箱中的泥沙累积到一定质量时,通过水下的平板小车将集沙箱使用定滑轮牵引到水槽外面,再通过起吊装置将其从水中提升出水槽,从而完成整个倒沙过程。

2)水位测量

试验过程中使用LH-1自动水位仪对水槽中水位进行实时监测,具体的水位仪布置图参见图4-9。LH-1自动水位仪是用于模型、水槽水位测量的机电一体化智能仪器。该仪器在一端设有一个铅锤,采用点测的方式对水位进行测量,可以实现每1.0s对水位测量一次。

图4-9　LH-1自动水位仪具体布置图

共进行了6组水槽试验,其中5组试验为流量连续小幅增大试验,分别为第1组、第2组、第3组、第5组和第6组;第4组为单一恒定流量冲刷试验。水槽试验初始床沙为粒径1.0～15.0mm的连续级配泥沙,其级配曲线如图4-10所示。在试验初始阶段,将筛分好的几组试验沙进行人工混合,将混合均匀的床沙按照预定坡度铺入水槽,关闭尾门,在水槽末端使用水泵从水池将水抽入水槽,实施倒灌,并将床面上的凹凸不平的地方用初始床沙进行填补,达到密实床沙的效果。

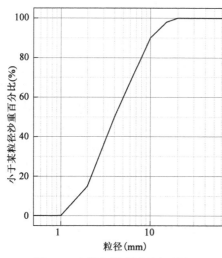

图4-10　水槽试验初始床沙级配图

对于单次恒定流量冲刷过程推移质输移率变化过程试验,按照试验设定流量Q_0对河床进行冲刷,直至河床的推移质输移率接近0,即认为此时的河床粗化完成。在此基础上,释放更大的流量Q_1,对Q_0形成的粗化层进行再次冲刷,直到河床的推移质输移率再次接近于0时结束。然后,分别施放流量Q_1、Q_3、Q_4…对Q_0形成的粗化层进行冲刷。而对于流量连续小幅增大的试验组,同单次恒定流量冲刷试验一样先按照设定流量Q_a对河床进行冲刷,形成稳定的粗化层以后,连续施放

更大流量 Q_b、Q_c、Q_d、Q_e⋯对 Q_a 形成的稳定粗化层进行再次冲刷,直到河床的推移质输移率再次接近于零时结束。代表性试验结果见表4-1 。

清水冲刷推移质输移过程水槽试验结果($Q = 55\text{L/s}$)　　　　表 4-1

时间 (min)	输移率 [g/(s·m)]	时间 (min)	输移率 [g/(s·m)]	时间 (min)	输移率 [g/(s·m)]	时间 (min)	输移率 [g/(s·m)]
0	0.0000	165	1.0457	330	0.2369	510	0.5353
5	0.9456	170	2.3752	335	0.2079	515	0.2592
10	0.9904	175	2.1578	340	0.1815	520	0.5621
20	2.8934	180	2.5681	345	0.3729	525	0.2981
25	6.1281	185	1.7160	350	0.3531	530	0.0854
30	5.0831	190	1.8788	355	0.3652	535	0.7916
35	3.5294	195	1.2771	360	0.3128	540	0.4763
40	3.6335	200	1.6764	365	0.4829	545	0.0693
45	2.6349	205	1.1638	370	0.1159	550	0.3564
50	3.2105	210	1.2463	375	0.4173	555	0.1808
55	2.7867	215	0.7245	380	0.5460	560	0.3469
60	1.7941	220	1.3365	385	0.2739	565	0.1294
65	0.8811	225	1.7791	390	0.1485	570	0.6428
70	1.7010	230	0.9951	395	0.6255	575	0.1203
75	2.2979	235	0.4994	400	0.6864	580	0.3150
80	1.0938	240	1.1385	405	0.9797	585	0.0381
85	1.3402	245	0.5111	415	0.4712	590	0.1969
90	2.3744	250	0.9966	425	0.4022	595	0.4407
95	1.2842	255	1.2716	430	0.2409	600	0.3835
100	2.3795	260	0.5628	435	0.3901	610	0.3821
105	1.4374	270	0.5518	440	0.2068	625	0.5713
110	1.2772	275	0.3414	445	0.7586	635	0.4488
115	2.2372	280	0.3923	450	0.5218	640	0.4543
120	1.4173	285	0.6978	460	0.2497	645	0.4404
125	1.3806	290	0.3799	465	0.5034	650	0.4261
130	0.6967	295	1.1770	470	0.2501	655	0.4708
135	2.1182	300	0.3483	475	0.2347	660	0.8334
140	2.4284	305	0.6288	480	0.3135	665	0.4206
145	1.4186	310	0.6802	485	0.5511	670	0.6046
150	1.8957	315	0.3201	495	0.7418	675	0.5214
155	1.6386	320	0.2497	500	0.6497	680	0.3091
160	0.9379	325	0.3652	505	0.0271	685	0.2915

续上表

时间 （min）	输移率 [g/(s·m)]	时间 （min）	输移率 [g/(s·m)]	时间 （min）	输移率 [g/(s·m)]	时间 （min）	输移率 [g/(s·m)]
690	0.5368	890	0.2691	1065	0.0869	1280	0.3109
700	0.3065	895	0.3238	1075	0.7267	1285	0.1162
705	0.3824	900	0.4044	1080	0.1320	1290	0.0319
710	0.2196	905	0.1841	1085	0.4239	1295	0.1716
715	0.5496	910	0.4587	1095	0.1107	1300	0.0689
720	0.3032	915	0.3912	1100	0.2391	1305	0.1166
725	0.2919	920	0.6098	1105	0.4723	1310	0.1423
730	0.7234	925	0.2493	1110	0.2314	1315	0.2669
735	0.1456	930	0.1562	1115	0.4011	1320	0.0565
740	0.4338	935	0.2380	1120	0.2002	1325	0.0044
745	0.4877	940	0.1452	1125	0.6153	1335	0.3546
755	0.3766	945	0.4800	1130	0.3832	1350	0.0535
760	0.4701	950	0.2545	1135	0.4492	1360	0.3949
765	0.1621	955	0.0748	1140	0.3333	1370	0.0246
770	0.3707	960	0.4279	1145	0.3982	1375	0.0422
775	0.3817	965	0.3131	1150	0.4547	1380	0.0869
780	0.3278	970	0.3527	1155	0.2497	1385	0.2640
785	0.6021	975	0.0711	1160	0.4741	1395	0.0414
790	0.3711	980	0.3527	1170	0.2266	1400	0.1547
800	0.4979	985	0.1962	1175	0.2295	1405	0.0242
805	0.2534	990	0.2339	1180	0.2523	1410	0.0719
810	0.1104	995	0.2592	1185	0.1269	1415	0.4558
815	0.2317	1000	0.0447	1190	0.0807	1425	0.0851
820	0.5775	1005	0.2464	1200	0.4503	1430	0.3069
825	0.5298	1010	0.4066	1210	0.3333	1435	0.0048
830	0.2321	1015	0.4213	1215	0.3931	1440	0.1437
835	0.1657	1020	0.2152	1220	0.0048	1445	0.0260
840	0.7957	1025	0.7238	1225	0.6853	1450	0.2383
845	0.3142	1030	0.1239	1235	0.3487	1455	0.2955
855	0.2915	1035	0.2453	1245	0.2303	1460	0.1507
860	0.4103	1040	0.5254	1255	0.3432	1465	0.1199
865	0.5166	1045	0.0946	1260	0.0660	1470	0.0106
875	0.4209	1050	0.2860	1265	0.0744	1480	0.2677
880	0.6622	1055	0.6589	1270	0.2072		
885	0.1203	1060	0.2365	1275	0.0979		

注：表中有部分数据缺失。

推移质输移量预测结果与水槽试验结果对比如图 4-11 所示。由图可见，推移质输移方程计算结果与水槽试验结果总体一致，表明泥沙补给与输沙能力双重限制下的推移质输移过程采用 Logistics 方程是合理可行的。

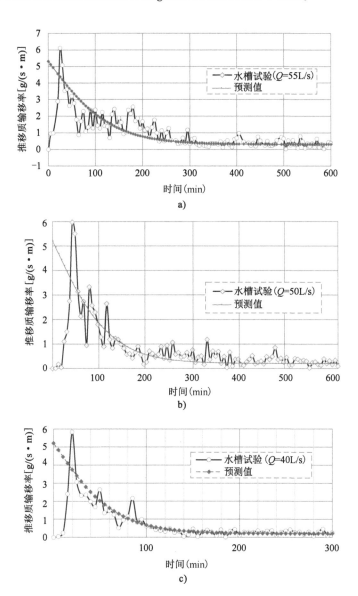

图 4-11　推移质输移率预测与水槽试验结果对比

虽然清水冲刷最终会导致推移质输移率为 0,但从清水冲刷下推移质输沙过程水槽试验结果来看,推移质输移率衰减到接近 0 时,衰减过程将变得非常缓慢,表现为一种持续很长时间的低强度推移质输移过程。

长 37m、宽 1m 的试验水槽尚且如此,对于长江上游向家坝至重庆数百千米长河段,并存着宽窄相间、滩沱相间等河道形态,在梯级电站"清水冲刷"下,三峡水库入库推移质输移量衰减到接近 0 时,低强度推移质输移过程持续时间将会非常长。加之向家坝坝下游支流推移质汇入、和干支流突发洪水可能导致局部河段河床粗化层破坏,产生局部短历时高强度推移质补给等,三峡水库入库推移质沙量将在一个低于天然情况推移质沙量水平上持续很长时间。

由于长江上游河道宽窄、滩沱相间,非均匀推移质输移过程具有间歇性和槽蓄累积性,虽然推移质沙量较天然情况下大幅降低,但短历时输移和天然情况并无本质差异。

4.1.3.3　三峡库尾河道卵砾石推移质输移量与趋势预测

鉴于输移河段较长,各河段推移质输移能力也不同,采用上述方法预测三峡库尾推移质输移量发展趋势时,需要分段递推求解,这里不再赘述。三峡库尾卵砾石推移质输移量与趋势预测结果如图 4-12 所示。从图中可知,寸滩站推移质的来量与 2012 年以来的推移质来量基本一致,因此,预测至 2050 年的三峡水库入库推移质来量基本维持 2012 年以来三峡入库推移质来量水平。

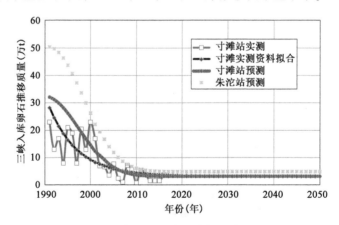

图 4-12　三峡库尾卵砾石推移质输移量与趋势预测

4.2 三峡变动回水区航道平面二维水沙模型

4.2.1 水流模块

1)水流控制方程

本书选用的平面二维水流数学模型控制方程为:

$$\frac{\partial Z}{\partial t} + \frac{1}{J}\left[\frac{\partial(h_2 q)}{\partial \xi} + \frac{\partial(h_1 p)}{\partial \eta}\right] = 0 \tag{4-5}$$

$$\frac{\partial q}{\partial t} + \beta\left(\frac{1}{J}\frac{\partial(h_2 qU)}{\partial \xi} + \frac{1}{J}\frac{\partial(h_1 pU)}{\partial \eta} - \frac{pV}{J}\frac{\partial h_2}{\partial \xi} + \frac{qV}{J}\frac{\partial h_1}{\partial \eta}\right) - fp + \frac{gH}{h_1}\frac{\partial Z}{\partial \xi} + \frac{qg|\bar{q}|}{(CH)^2}$$

$$= \frac{\nu_e H}{h_1}\frac{\partial E}{\partial \xi} - \frac{\nu_e H}{h_2}\frac{\partial F}{\partial \eta} + \frac{1}{J}\frac{\partial(h_2 D_{11})}{\partial \xi} + \frac{1}{J}\frac{\partial(h_1 D_{12})}{\partial \eta} + \frac{1}{J}\frac{\partial h_1}{\partial \eta}D_{12} - \frac{1}{J}\frac{\partial h_2}{\partial \xi}D_{22}$$

$$\tag{4-6}$$

$$\frac{\partial p}{\partial t} + \beta\left(\frac{1}{J}\frac{\partial(h_2 qV)}{\partial \xi} + \frac{1}{J}\frac{\partial(h_1 pV)}{\partial \eta} + \frac{pU}{J}\frac{\partial h_2}{\partial \xi} + \frac{qU}{J}\frac{\partial h_1}{\partial \eta}\right) + fq + \frac{gH}{h_2}\frac{\partial Z}{\partial \eta} + \frac{pg|\bar{q}|}{(CH)^2}$$

$$= \frac{\nu_e H}{h_2}\frac{\partial E}{\partial \eta} + \frac{\nu_e H}{h_1}\frac{\partial F}{\partial \xi} + \frac{1}{J}\frac{\partial(h_2 D_{12})}{\partial \xi} + \frac{1}{J}\frac{\partial(h_1 D_{22})}{\partial \eta} - \frac{1}{J}\frac{\partial h_1}{\partial \eta}D_{11} - \frac{1}{J}\frac{\partial h_2}{\partial \xi}D_{12}$$

$$\tag{4-7}$$

式中,

$$E = \frac{1}{J}\left[\frac{\partial(h_2 U)}{\partial \xi} + \frac{\partial(h_1 V)}{\partial \eta}\right], F = \frac{1}{J}\left[\frac{\partial(h_2 V)}{\partial \xi} - \frac{\partial(h_1 U)}{\partial \eta}\right] \tag{4-8}$$

$$D_{11} = -\int_{z_b}^{z_s}(\bar{u} - U)^2 dz, D_{22} = -\int_{z_b}^{z_s}(\bar{v} - V)^2 dz \tag{4-9}$$

$$D_{12} = D_{21} = -\int_{z_b}^{z_s}(\bar{u} - U)(\bar{v} - V)d \tag{4-10}$$

$$h_1 = \sqrt{\left(\frac{\partial x}{\partial \xi}\right)^2 + \left(\frac{\partial y}{\partial \xi}\right)^2}, h_2 = \sqrt{\left(\frac{\partial x}{\partial \eta}\right)^2 + \left(\frac{\partial y}{\partial \eta}\right)^2} \tag{4-11}$$

式中: ξ、η——正交曲线坐标;

             h_1、h_2——拉梅系数;

U、V、$\bar{u}$、$\bar{v}$——ξ、η 方向的水深和时间的平均流速分量；

$\vec{q} = (q,p) = (UH, VH)$——单宽流量；

Z——相对于参考基准面的水位坐标；

H——总水深；

β——校正系数；

f——Coriolis 参数；

C——Chezy 数；

ν_e——水深平均有效涡黏度；

z_s——水面水位；

z_b——床面水位；

D_{11}、D_{22}、D_{12}、D_{21}——水深平均弥散应力项。

动量方程(4-6)和(4-7)比传统二维水流模型中多了等号右边的后四项。将 de Vriend(1977)年提出的纵、横向流速分布公式应用在本模型中：

$$\bar{u} = U\left[1 + \frac{\sqrt{g}}{kC} + \frac{\sqrt{g}}{kC}\ln\zeta\right] = Uf_m(\zeta) \tag{4-12}$$

$$\bar{v} = Vf_m(\zeta) + \frac{Ud}{k^2 r}\left[2F_1(\zeta) + \frac{\sqrt{g}}{kC} - 2\left(1 - \frac{\sqrt{g}}{kC} \cdot f_m(\zeta)\right)\right] \tag{4-13}$$

$$f_m = 1 + \frac{\sqrt{g}}{kC} + \frac{\sqrt{g}}{kC}\ln\zeta \tag{4-14}$$

$$F_1(\zeta) = \int_0^\xi \frac{\ln\zeta}{\zeta - 1}d\zeta \tag{4-15}$$

$$F_2(\zeta) = \int_0^\xi \frac{\ln^2\zeta}{\zeta - 1}d\zeta \tag{4-16}$$

式中：ζ——床面距离的无量纲数；

r——曲率半径；

k——卡门常数，$k = 0.4 \sim 0.52$；

$\bar{u}$、$\bar{v}$——时均流速。

在横向流速分布中考虑弯道曲率导致的二次流，忽略次生二次流，将流速分布代入弥散应力项，得：

$$\int_{z_b}^{z_s} (u - U)^2 dz = \int_{z_b}^{z_s} U^2\left[1 + \frac{\sqrt{g}}{kC} + \frac{\sqrt{g}}{kC}\ln\left(\frac{z - z_b}{H}\right) - 1\right]^2 dz$$

$$= \int_0^1 U^2 H \cdot \left[\frac{\sqrt{g}}{kC} + \frac{\sqrt{g}}{kC}\ln(\zeta)\right]^2 d\zeta = U^2 H\left(\frac{\sqrt{g}}{kC}\right)^2 = DSXX \tag{4-17}$$

$$\int_{z_b}^{z_s} (v - V)^2 \mathrm{d}z$$

$$= H \int_0^1 \left\{ V \left[\frac{\sqrt{g}}{kC} + \frac{\sqrt{g}}{kC} \ln\zeta \right] + \frac{UH}{k^2 r} \left[2F_1(\zeta) + \frac{\sqrt{g}}{kC} F_2(\zeta) - 2\left(1 - \frac{\sqrt{g}}{kC} \right) \cdot f_m(\zeta) \right] \right\}^2 \mathrm{d}z$$

$$= \left[V^2 H \left(\frac{\sqrt{g}}{kC} \right)^2 + \frac{2UVH^2}{k^2 r} \frac{\sqrt{g}}{kC} \cdot \mathrm{FF1} + \frac{U^2 H^3}{k^4 r^2} \cdot \mathrm{FF2} \right] = \mathrm{DSYY} \tag{4-18}$$

$$\int_{z_b}^{z_s} (u - U)(v - V) \mathrm{d}z = H \int_0^1 \left\{ U \left[\frac{\sqrt{g}}{kC} + \frac{\sqrt{g}}{kC} \ln\zeta \right] \right\} \cdot \left\{ V \left[\frac{\sqrt{g}}{kC} + \frac{\sqrt{g}}{kC} \ln\zeta \right] + \right.$$

$$\left. \frac{UH}{k^2 r} \left[2F_1(\zeta) + \frac{\sqrt{g}}{kC} F_2(\zeta) - 2\left(1 - \frac{\sqrt{g}}{kC} \right) \cdot f_m(\zeta) \right] \right\} \mathrm{d}z$$

$$\left[UVH \left(\frac{\sqrt{g}}{kC} \right)^2 + \frac{U^2 H^2}{k^2 r} \frac{\sqrt{g}}{kC} \cdot \mathrm{FF1} \right] = \mathrm{DSXY} \tag{4-19}$$

$$\mathrm{FF1} = \int_0^1 (1 + \ln\zeta) \left[2F_1(\zeta) + \frac{\sqrt{g}}{kC} F_2(\zeta) - 2\left(1 - \frac{\sqrt{g}}{kC} \right) \cdot f_m(\zeta) \right] \mathrm{d}\zeta \tag{4-20}$$

$$\mathrm{FF2} = \int_0^1 \left[2F_1(\zeta) + \frac{\sqrt{g}}{kC} F_2(\zeta) - 2\left(1 - \frac{\sqrt{g}}{kC} \right) \cdot f_m(\zeta) \right]^2 \mathrm{d}\zeta \tag{4-21}$$

式中：DSXX、DSYY、DSXY——在水流方向、横向方向和水流方向横向方向上的水深平均流速与时均流速差异的积分。

2) 求解方法

本模型水流模块采用 ADI 法对控制方程有限差分法离散,除了连续方程中水位对时间偏导数项采用向前差分以及动量方程中对流项采用一阶迎风和中心差分格式组合外(QUICK 格式),其余各项采用中心差分。

4.2.2　三峡水库航道平面二维水沙模型泥沙输移模块

4.2.2.1　细沙输移控制方程

基本泥沙模型采用的非平衡输沙条件,其沿水深平均悬移质输运方程如下:

$$\frac{\partial(HC_k)}{\partial t} + \frac{1}{J} \left[\frac{\partial(HC_k Uh_2)}{\partial \xi} + \frac{\partial(HC_k Vh_1)}{\partial \eta} \right] - \frac{1}{J} \left[\frac{\partial}{\partial \xi} \left(H\varepsilon_\xi \frac{h_2}{h_1} \frac{\partial C_k}{\partial \xi} \right) + \right.$$

$$\left. \frac{\partial}{\partial \eta} \left(H\varepsilon_\eta \frac{h_1}{h_2} \frac{\partial C_k}{\partial \eta} \right) \right] + \alpha_k \omega_k (C_k - C_{*k}) + C_{ok} = 0 \tag{4-22}$$

其中:

$$\varepsilon_\xi = \frac{(k_l U^2 + k_t V^2) H \sqrt{g}}{\sqrt{U^2 + V^2} C}, \quad \varepsilon_\eta = \frac{(k_t U^2 + k_l V^2) H \sqrt{g}}{\sqrt{U^2 + V^2} C}$$

式中：k——下标，第 k 组粒径；

ε_ξ、ε_η——纵向和横向的泥沙扩散系数；

k_l、k_t——沿水深平均的扩散系数在纵向和横向上的分量；

C_k、C_{*k}——第 k 组粒径垂线平均含沙量和输移率；

C_{ok}——泥沙单位面积单位时间的侧向输入质量；

ω_k——第 k 组粒径的沉速。

4.2.2.2 推移质运动控制方程

平面二维推移质运动模型的控制方程为：

$$\frac{\partial(\delta C_{bk})}{\partial t} + \frac{1}{J}\left[\frac{\partial(h_2 \alpha_{b\xi} q_{bk})}{\partial \xi} + \frac{\partial(h_1 \alpha_{b\eta} q_{bk})}{\partial \eta}\right] + \frac{1}{L}(q_{bk} - q_{bk}^*) = 0 \quad (4\text{-}23)$$

式中：q_{bk}——推移质输移率，$q_{bk} = U_b \delta C_{bk}$；

U_b——推移质运动速度；

δ——推移质泥沙运动层厚度；

C_{bk}——推移质运动层中第 k 个粒径组泥沙的平均浓度；

$\alpha_{b\xi}$、$\alpha_{b\eta}$——推移质在 ξ, η 方向的方向余弦；

q_{bk}^*——平衡推移质单宽输沙力。

L 为推移质运动步长，考虑河床沙波形态的计算公式为：

$$\alpha = \frac{L}{d} = \alpha_2\left(\frac{u_*}{\omega_s}\right)\left(1 - \frac{u_{*c}/\omega_s}{u_*/\omega_s}\right) \quad (4\text{-}24)$$

式中：u_*、u_{*c}——当地摩阻流速与计算粒径组 d 对应的临界起动摩阻流速；

α_2——计算参数，$\alpha_2 = 3000$。

结合所得的沙波运动步长，选取二者的最大值作为本模型的推移质计算运动步长 L。

4.2.2.3 河床地形调整方程

（1）悬移质河床变形方程为：

$$\rho_s \frac{\partial Z_{bsk}}{\partial t} = \alpha_k \omega_k (S_k - S_{*k}) \quad (4\text{-}25)$$

式中：ρ_s——悬移质淤积物的干密度；

α_k——第 k 个粒径组的恢复饱和系数；

Z_{bsk}——悬移质运动引起的河床冲淤厚度；

ω_k——第 k 个粒径组泥沙的沉速；

S_k——第 k 个粒径组泥沙的含沙量；

S_{*k}——第 k 个粒径组泥沙的挟沙力。

（2）推移质河床变形方程为：

$$\rho_b \frac{\partial Z_{bgk}}{\partial t} = \frac{1}{L}(q_{bk} - q_{bk}^*) \tag{4-26}$$

式中：ρ_b——推移质淤积物的干密度；

Z_{bgk}——推移质引起的河床冲淤厚度。

4.2.2.4 床沙级配调整

床沙级配的调整将影响非均匀床沙挟沙力，如何模拟河床地形变化中泥沙级配变化一直是河流模拟中的热点与难点，只有研究清楚其机理才能准确模拟河床变化的规律。目前国内广泛应用的有韦直林（1997 年）提出的概化河床的方法：将河床分为上、中、下三层，假设各层间界面在每一计算时段内保持不变，泥沙交换仅发生在上层内部。上层和中层随着泥沙冲淤变化而调整，其厚度保持不变；同时底层厚度随床面冲淤而变化。该方法认为时段末表层底面以上部分的级配变为：

$$P'_{uk} = \frac{h_u P_{uk}^0 + \Delta z_{bk}}{h_u + \Delta z_b} \tag{4-27}$$

式中：Δz_{bk}——推移质引起的河床冲淤厚度的变化；

$h_u + \Delta z_b$——交换层厚度；

P'_{uk}——经过河床变化后的床沙级配；

P_{uk}^0——河床变化前的床沙级配；

Δz_{bk}——推移质引起的河床冲淤厚度的变化。

从该方法可知，在调整过程中交换层厚度变为 $h_u + \Delta z_b$，而在其假定中泥沙的交换只发生在表层，并且厚度保持不变，因此计算得到的泥沙级配与实际情况可能存在偏差。

考虑上述存在问题，参考 Marcelo（1998）的近底交换泥沙质量守恒方法：如图 4-13 所示，活动交换层泥沙分布是关于流线方向及时间的函数 $F_k(i,j,t)$，与高程方向无关，假定交换层厚度 L_a 保持不变且不受床面形态影响；由于泥沙交换限制在表层进行，床面底层泥沙分布函数为 $F_{sk}(i,j,z)$，随着其所处位置与高程的不同而变化，调整过程不受时间的影响。

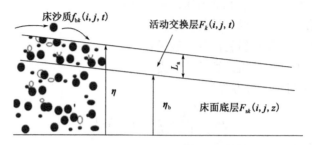

图 4-13　床面泥沙交换示意图

根据近底床沙运动质量守恒原则,第 k 组床沙调整的基本方程为:

$$(1 - \lambda_p)\left[f_{1k}\frac{\partial \eta}{\partial t} + \frac{\partial}{\partial t}(L_a F_k)\right] = -\frac{\partial q_{bk\eta}}{\partial \eta} - \frac{\partial q_{bk\zeta}}{\partial \zeta} \tag{4-28}$$

式中 $:f_{1k}$ ——第 k 组泥沙在交换层与底层分界面的百分比,当 $\frac{\partial \eta_b}{\partial t} < 0$ 时, $f_{1k} = F_{sk}(\eta_b)$;当 $\frac{\partial \eta_b}{\partial t} > 0$ 时, $f_{1k} = (1 - a)f_{bk}(\eta) + aF_k$ 。

如图 4-14 所示,本模型中采用的方法为假定交换层的厚度 L_a 保持不变, Δz_b 为该点泥沙变化量,当 $\Delta z_b > 0$ 时,第 k 组床沙分布 F_k 随着该点淤积调整如下:

$$F_k = \frac{\left(\frac{\partial q_{bk\eta}}{\partial \eta} + \frac{\partial q_{bk\zeta}}{\partial \zeta}\right) \cdot A_e + A_e \cdot (1 - \lambda_p)(L_a - \Delta z_b) \cdot F_k}{L_a A_e \cdot (1 - \lambda_p)} \qquad 0 < \Delta z_b < L_a \tag{4-29}$$

$$F_k = f_{bk}(i,j,t) \qquad \Delta z_b > L_a \tag{4-30}$$

当 $\Delta z_b < 0$ 时,各组泥沙随着该点冲刷的调整如下:

$$F_k = \frac{\left[\Delta z_b F_{sk} + (L_a + \Delta z_b)F_k\right] \cdot A_e \cdot (1 - \lambda_p)}{L_a A_e \cdot (1 - \lambda_p)} \qquad -L_a < \Delta z_b < 0 \tag{4-31}$$

$$F_k = F_{sk}(i,j,z) \qquad \Delta z_b < -L_a \tag{4-32}$$

式中 $:A_e$ ——单元格面积。

4.2.2.5　求解方法

泥沙运动方程的离散采用类似水流方程的方法,只是在对流项中没有采用 QUICK 格式,而是采用一阶迎风格式。

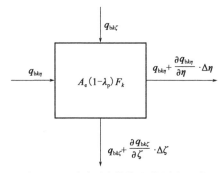

图 4-14　近底床沙交换单元质量守恒示意

4.2.3　辅助方程

1)动量修正因子

由于水流速度在水深方向不均匀,因此,在垂向积分过程中引进了修正因子。假定流速沿垂向上为对数分布,通过积分计算可得:

$$\beta = 1 + \frac{g}{C^2 \kappa^2} \tag{4-33}$$

其中,κ 是卡门系数,$\kappa = 0.4 \sim 0.52$。根据 Falconer&Chen 的研究,在假定流速分别为水深的 1/7 ~ 1/4 次幂分布的情况下,$\beta = 1.016 \sim 1.20$。在一般模型中,可取 β 为常数,即 $\beta = 1.016$。C 为谢才系数。

2)河道阻力

本模型中河道的阻力通过谢才系数或糙率系数来反映,因而在水流紊动处于阻力平方区的情况下,谢才系数为:

$$C = -2\sqrt{8g} \times \lg\left(\frac{k_s}{12.0H}\right) \tag{4-34}$$

其中,k_s 是河床阻力单元的粗糙程度。在过度紊流的情况下,谢才系数随水流条件的变化而变化。此时,谢才系数可以采用迭代的方法进行求解:

雷诺数:$Re = \sqrt{U^2 + V^2} H / \nu$

$$C = -2\sqrt{8g} \times \lg\left(\frac{k_s}{12.0H} + \frac{2.5}{2\sqrt{8g}Re} \times C\right) \tag{4-35}$$

在模型应用中,通常也采用曼宁系数(即糙率 n)来描述阻力的变化。对于实际问题,糙率主要通过实测水位资料确定得到。

3)紊动黏性系数 C

本模型采用上述零方程模型,由于涡黏性系数与流动情况有关,故 C_e 的确定根据实测断面流速分布进行验证,系数取值范围根据 Flaconer 的二维模型手稿可以在 0.15 ~ 100 之间取值。

当计算区域和网格尺度较小、计算边界较为复杂和水流流场变化较大的时候,应该采用更为复杂的紊流模型,比如 $K\text{-}\varepsilon$ 双方程模型等求解紊动黏性系数。

4)悬移质输移率

本模型采用张瑞瑾公式:

$$C_* = K\left(\frac{U_{\mathrm{L}}^3}{gh\omega}\right)^m \tag{4-36}$$

式中:K、m——公式计算参数;

     g——重力加速度,$g = 9.81\mathrm{m/s^2}$;

     h——水深(m);

     ω——泥沙沉速(cm/s);

     U_{L}——水流速度(m/s)。

5)推移质输移率

本模型包括目前常用的几类输移率公式:Meyer-peter 公式、Einstein 公式、van Rijn 公式、窦国仁公式、拜格诺公式等。各公式如下:

Meyer-peter 公式:

$$\gamma \frac{Q_{\mathrm{b}}}{Q}\left(\frac{K_{\mathrm{b}}}{K_{\mathrm{b}}'}\right)hJ\frac{hJ}{D} = a_4(\gamma_{\mathrm{s}} - \gamma)D + b_4\left(\frac{\gamma}{g}\right)\left(\frac{\gamma_{\mathrm{s}} - \gamma}{\gamma_{\mathrm{s}}}\right)g_{\mathrm{b}}^{2/3} \tag{4-37}$$

Einstein 公式:

$$1 - \frac{1}{\sqrt{\pi}}\int_{-B_*\psi-\frac{1}{\eta_0}}^{B_*\psi-\frac{1}{\eta_0}} \mathrm{e}^{-t^2}\mathrm{d}t = \frac{A_*\varPhi}{1 + A_*\varPhi} \tag{4-38}$$

van Rijn 公式:

$$q_{\mathrm{b}*} = 0.053\sqrt{\frac{\gamma_{\mathrm{s}}\gamma}{\gamma}g}\, d_{50}^{1.5}\frac{T^{2.1}}{D_*^{0.3}} \tag{4-39}$$

$$D_* = d_{50}\left(\frac{(s-1)g}{\gamma^2}\right)^{1/3},\ T = \left(\frac{\varTheta}{\varTheta_c} - 1\right)$$

式中:$\varTheta$——水流强度参数;

     $\varTheta_c$——临界 Shields 数;

     s——比密度;

γ——水流运动黏滞系数；

d_{50}——中值粒径。

拜格诺公式：

$$g_b = \frac{\rho}{\rho_s - \rho} \frac{a\tau_0}{\tan\alpha} \left[U - 5.75 U_* \log\left(\frac{0.4h}{y_n}\right) - u_r \right] \tag{4-40}$$

窦国仁公式：

$$q_{bk}^* = \frac{0.1}{C_0^2} \frac{\gamma\gamma_s}{\gamma_s - \gamma} (\tilde{U} - \tilde{U}_c) \frac{\tilde{U}^3}{g\omega} \tag{4-41}$$

式中：C_0——无尺度谢才系数，其值可以由下式确定：

$$C_0 = 2.5\ln\left(11 \frac{H}{\Delta}\right) \tag{4-42}$$

式中：Δ——河床凸起度，对于平整河床，当 $D \leqslant 0.5$mm 时，$\Delta = 0.5$mm；当 $D > 0.5$mm 时，$\Delta = D$ 或 $\Delta = D_{50}$，D 为泥沙粒径；

$\tilde{U}$——垂线平均流速；

$\tilde{U}_c$——用垂线平均流速表示的起动流速或简称起动流速，其值为：

$$\tilde{U}_c = 0.265 \left[\ln\left(11 \frac{H}{\Delta}\right)\right] \sqrt{\frac{\gamma_s - \gamma}{\gamma} gd} \tag{4-43}$$

而推移质在 ξ、η 方向的方向余弦 $\alpha_{b\xi}$、$\alpha_{b\eta}$ 分别为：

$$\alpha_{b\xi} = \frac{U}{\sqrt{U^2 + V^2}}, \quad \alpha_{b\eta} = \frac{V}{\sqrt{U^2 + V^2}} \tag{4-44}$$

6）泥沙沉速公式

本模型在天然河道计算中采用张瑞瑾公式：

$$\omega = \left[\left(13.95 \frac{\nu}{D}\right)^2 + 1.09 \frac{\gamma_s - \gamma}{\gamma} gD\right]^{1/2} - 13.95 \frac{\nu}{D} \tag{4-45}$$

式中：ω——沉速；

ν——运动黏性系数；

D——泥沙直径；

γ——水的重度；

γ_s——泥沙重度。

7)泥沙扩散系数

本模型不采用流体的紊动黏性系数,而是采用 Falconer 方法

$$\varepsilon_{\xi} = \frac{(k_l U^2 + k_t V^2) H \sqrt{g}}{\sqrt{U^2 + V^2}\, C}, \varepsilon_{\eta} = \frac{(k_t U^2 + k_l V^2) H \sqrt{g}}{\sqrt{U^2 + V^2}\, C} \tag{4-46}$$

式中:k_l、k_t——沿水深平均的扩散系数在纵向和横向上的分量,一般取为 $k_l = 5.93$,$k_t = 0.15$。

4.3 三峡变动回水区段航道水沙模型的验证

4.3.1 网格构建

考虑三峡库尾重庆至涪陵河段条件以及进出口条件实测资料来源,全河段航道平面二维水沙数学模型选择的研究范围是长江涪陵—重庆主城鹅公岩,长约140km;主城区由于有嘉陵江入汇,嘉陵江支流模拟范围为朝天门河口—李子坝约8km。在计算区域内,共布置 3255×60 个网格点,采用正交曲线体系下的结构网格,沿河道方向间距为 $15 \sim 93$m,平均约为 40m,河宽方向间距范围为 $16 \sim 42$m,平均约 30m。

4.3.2 地形资料选取

三峡库尾重庆朝天门至涪陵段长约 140 km,计算初始地形采用 2009 年实测值,测图比例为 1:5000。主城区由于有嘉陵江入汇,嘉陵江支流模拟范围为朝天门河口至李子坝,约 8km,计算初始地形采用 2015 年 6 月实测值,测图比例为 1:2000。

4.3.3 边界条件的确定

1)水流计算资料

由于三峡水库自 2008 年 9 月按深度 $145 \sim 175$m 试验性蓄水,水库调度一直按照 175m 试验性蓄水调度运行,调度过程如图 4-15 所示。因此,为了保障航道泥沙冲淤预测和航道稳定性分析的有效性和延续性,本次泥沙输移模拟的验证水沙系列采用 2009—2016 年 175m 蓄水以来 8 年日均入库实测资料。

本模型采用 2009—2016 年水文资料作为水流计算的进出口边界条件,进口条件为朱沱和北碚水文站的实测流量过程,出口边界条件主要依据清溪场水文站的实测水位过程。

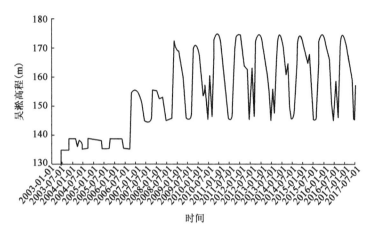

图 4-15 三峡水库蓄水运用以来坝前水位变化过程

2）悬移质计算资料

本模型悬移质输移量主要来源于寸滩站的 2009—2016 年的实测数据,考虑三峡库尾的造床作用主要为推移质,基本无细沙淤积,整个模拟过程采用代表粒径 D_{50} 进行计算,悬移质输移率采用在长江上运用较广泛的张瑞瑾公式计算。

3）推移质计算资料

推移质运动数值模块中,推移质粒径根据寸滩站 2009—2016 年实测沙质和卵砾石推移质进行分组。沙质推移质采用中值粒径 D_{50} 计算,其具体数据见表 4-2。卵砾石推移质的计算分组需要结合河床级配,根据三峡水库变动回水区重庆至涪陵段 2017 年重点水道(寸滩、广阳坝、洛碛、长寿、青岩子)坑侧床沙级配实测资料(图 4-16),结合寸滩站的卵砾石推移质级配,计算共分为四组(表 4-3),每组计算占比根据寸滩站实测卵砾石输沙含量进行分配。考虑推移质的粒径范围,对泥沙模型中的各类公式进行了选定,最终选取了 Meyer-peter 公式。根据地勘实测资料,将水沙数值模型中的床沙可调整厚度设置为 2~7m,地形变化每天计算的可冲厚度控制在 1m 以内。

三峡库尾重庆至涪陵段沙质推移质中值粒径变化 表 4-2

年份	2009	2010	2011	2012	2013	2014	2015	2016
D_{50}（mm）	0.262	0.178	0.143	0.138	0.160	0.154	0.147	0.152

三峡库尾重庆至涪陵段卵砾石推移质计算分组 表 4-3

组号	1	2	3	4
粒径（mm）	12	22	45	90

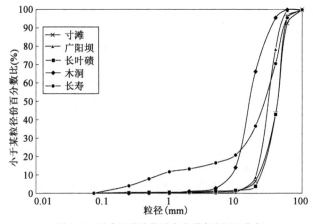

图 4-16　重庆至涪陵段重点水道床沙级配分布

4.3.4　水沙模型计算参数的选定

水流模块的时间步长 $T = 5\text{s}$，泥沙模块中时间步长采用的 $T = 10\text{s}$。水流模块中采用的零阶 $K\text{-}\varepsilon$ 模型。整个计算糙率的选取主要通过代表流量进行率定，根据 2009—2016 系列年的水沙资料，通过对流量 $2700 \sim 62400\text{m}^3/\text{s}$ 间 50 个工况进行率定，得到糙率 k_s 与流量 Q 的关系，如图 4-17 所示。整个计算中的糙率通过该图的插值完成。糙率拟合公式如下：

$$Q = 25938\text{e}^{0.0189k_s} \tag{4-47}$$

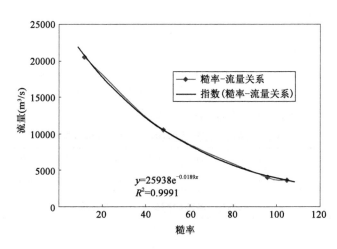

图 4-17　糙率-流量关系拟合图象

4.3.5 水流模块的验证

4.3.5.1 水位验证

采用该模型开展了三峡库尾重庆至涪陵段航道水流流场2009—2016系列年的流场计算,选取各年份典型流量(消落期、洪水期、蓄水期)的水位进行对比。实测水尺值与模拟值对照具体数值见表4-4与图4-18～图4-20。计算水位与实测水位基本吻合。根据该段沿线水文站的水位变化可知,基本所有站点误差均控制在0.1m以内,消落期与洪水期的误差略有增大,但整体结果能满足流水位计算的精度要求。

数模计算与实测沿程水位比较(部分数据)　　　　表4-4

站点	里程 (km)	2010-04-30(5900m³/s)			2010-07-19(62400m³/s)			2010-10-31(9910m³/s)		
		实测 (m)	计算 (m)	误差 (m)	实测 (m)	计算 (m)	误差 (m)	实测 (m)	计算 (m)	误差 (m)
寸滩	653	161.50	161.51	0.01	183.97	183.99	0.02	175.55	175.54	−0.01
铜锣峡	644.8	161.03	161.02	−0.01	182.40	182.45	0.05	175.5	175.49	−0.01
鱼嘴	631.4	158.99	158.99	0.00	179.42	179.46	0.04	175.36	175.34	−0.02
长寿	583.6	156.79	156.76	−0.03	170.77	170.83	0.06	175.02	175.04	0.02
北拱	551.9	156.56	156.57	0.01	164.82	164.84	0.02	175.01	175.02	0.01
站点	里程 (km)	2011-04-30(4570m³/s)			2011-08-07(30900m³/s)			2011-10-31(7300m³/s)		
		实测 (m)	计算 (m)	误差 (m)	实测 (m)	计算 (m)	误差 (m)	实测 (m)	计算 (m)	误差 (m)
寸滩	653	160.26	160.29	0.03	174.29	174.33	0.04	175.39	175.38	−0.01
铜锣峡	644.8	159.83	159.87	0.04	173.26	173.32	0.06	175.36	175.32	−0.04
鱼嘴	631.4	158.10	158.12	0.02	170.92	170.98	0.06	175.28	175.25	−0.03
长寿	583.6	156.85	156.87	0.02	163.67	163.72	0.05	175.15	175.13	−0.02
北拱	551.9	156.77	156.80	0.03	160.19	160.22	0.03	175.09	175.10	0.01
站点	里程 (km)	2012-04-30(5180m³/s)			2012-09-04(30900m³/s)			2012-10-31(9120m³/s)		
		实测 (m)	计算 (m)	误差 (m)	实测 (m)	计算 (m)	误差 (m)	实测 (m)	计算 (m)	误差 (m)
寸滩	653	164.02	164.04	0.02	180.39	180.43	0.04	175.59	175.57	−0.02
铜锣峡	644.8	163.90	163.92	0.02	179.07	179.11	0.04	175.53	175.52	−0.01

站点	里程（km）	2012-04-30（5180m³/s）			2012-09-04（30900m³/s）			2012-10-31（9120m³/s）		
		实测（m）	计算（m）	误差（m）	实测（m）	计算（m）	误差（m）	实测（m）	计算（m）	误差（m）
鱼嘴	631.4	163.59	163.62	0.03	176.57	176.60	0.03	175.41	175.40	−0.01
长寿	583.6	163.23	163.24	0.01	169.12	169.13	0.01	175.17	175.15	−0.02
北拱	551.9	163.19	163.17	−0.02	164.53	164.54	0.01	175.12	175.10	−0.02

站点	里程（km）	2013-04-30（4280m³/s）			2013-07-02（33900m³/s）			2013-10-31（7670m³/s）		
		实测（m）	计算（m）	误差（m）	实测（m）	计算（m）	误差（m）	实测（m）	计算（m）	误差（m）
寸滩	653	161.97	162.01	0.04	174.45	174.49	0.04	174.19	174.17	−0.02
铜锣峡	644.8	161.62	161.66	0.02	173.28	173.31	0.03	174.18	174.13	−0.05
鱼嘴	631.4	161.07	161.10	0.03	170.62	170.64	0.02	174.07	174.04	−0.03
长寿	583.6	160.50	160.52	0.02	160.91	160.94	0.03	173.92	173.91	−0.01
北拱	551.9	160.39	160.41	0.02	155.50	155.53	0.03	173.87	173.85	−0.02

站点	里程（km）	2014-03-25（4420m³/s）			2014-09-19（44600m³/s）			2014-10-01（21300m³/s）		
		实测（m）	计算（m）	误差（m）	实测（m）	计算（m）	误差（m）	实测（m）	计算（m）	误差（m）
寸滩	653	162.39	162.41	0.02	181.89	181.95	0.06	173.96	174.00	0.04
铜锣峡	644.8	162.14	162.15	0.01	181.00	181.04	0.04	173.59	173.62	0.03
鱼嘴	631.4	161.62	161.63	0.01	179.34	179.37	0.03	172.68	172.70	0.02
羊角背	620	161.36	161.36	0.00				171.99	172.04	0.05
太洪岗	611.1	161.33	161.37	0.04				171.74	171.77	0.03
麻柳嘴	604	161.23	161.26	0.03				171.51	171.54	0.03
扇沱	593.1	161.13	161.15	0.02				171.36	171.39	0.03
长寿	583.6	161.03	161.06	0.03	175.53	175.59	0.06	170.93	170.94	0.01
卫东	574.2	161.03	161.05	0.02				170.66	170.67	0.01
大河口	562.6	160.96	160.99	0.03				170.53	170.55	0.02
北拱	551.9	161.02	161.03	0.01	173.36	173.38	0.02	170.41	170.43	0.02

续上表

站点	里程 （km）	2015-04-30（6260m³/s）			2015-09-12（33700m³/s）			2015-10-20（10900m³/s）		
		实测 （m）	计算 （m）	误差 （m）	实测 （m）	计算 （m）	误差 （m）	实测 （m）	计算 （m）	误差 （m）
寸滩	653	164.33	164.32	−0.01	175.41	175.44	0.03	174.45	174.47	0.02
铜锣峡	644.8	164.04	164.01	−0.03	174.41	174.43	0.02	174.32	174.34	0.02
鱼嘴	631.4	163.49	163.49	0.00	172.23	172.25	0.02	174.05	174.07	0.02
羊角背	620	163.14	163.16	0.02	169.67	169.70	0.03	173.87	173.90	0.03
太洪岗	611.1	163.06	163.03	−0.03	168.70	168.72	0.02	173.89	173.91	0.02
麻柳嘴	604	162.97	162.94	−0.03	167.93	167.93	0.00	173.89	173.90	0.01
扇沱	593.1	162.86	162.82	−0.04	166.76	166.78	0.02	173.78	173.78	0.00
长寿	583.6	162.71	162.69	−0.02	165.65	165.68	0.03	173.63	173.61	−0.01
卫东	574.2	162.65	162.63	−0.02	164.22	164.25	0.03	173.61	173.60	−0.01
大河口	562.6	162.59	162.57	−0.02	163.42	163.43	0.01	173.53	173.51	−0.02
北拱	551.9	162.58	162.57	−0.01	162.68	162.70	0.02	173.52	173.51	−0.01
站点	里程 （km）	2016-04-29（6990m³/s）			2016-07-20（27500m³/s）			2016-10-20（11700m³/s）		
		实测 （m）	计算 （m）	误差 （m）	实测 （m）	计算 （m）	误差 （m）	实测 （m）	计算 （m）	误差 （m）
寸滩	653	163.82	163.86	0.04	172.64	172.67	0.03	172.31	172.33	0.02
铜锣峡	644.8	163.47	163.51	0.04	171.74	171.78	0.04	172.27	172.30	0.03
鱼嘴	631.4	162.77	162.80	0.03	169.64	169.66	0.02	171.85	171.86	0.01
羊角背	620	162.31	162.34	0.03	167.43	167.48	0.05	171.50	171.50	0.00
太洪岗	611.1	162.19	162.21	0.02	166.18	166.21	0.03	171.48	171.45	−0.03
麻柳嘴	604	162.00	162.03	0.01	165.43	165.45	0.02	171.50	171.45	−0.05
扇沱	593.1	161.89	161.92	0.03	164.76	164.80	0.04	171.12	171.10	−0.02
长寿	583.6	161.77	161.80	0.03	163.53	163.55	0.02	170.78	170.74	−0.04
卫东	574.2	161.65	161.64	0.01	162.57	162.59	0.02	171.14	171.10	0.04
大河口	562.6	161.56	161.52	−0.04	161.89	161.91	0.02	171.07	171.05	−0.02
北拱	551.9	161.57	161.55	−0.02	161.34	161.36	0.02	171.06	171.04	−0.02

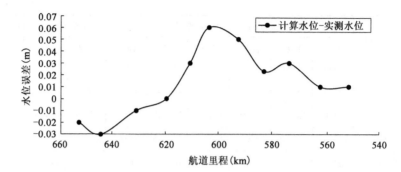

图4-18 数模计算与实测沿程水位比较图($Q=9600\mathrm{m}^3/\mathrm{s}$,消落期)

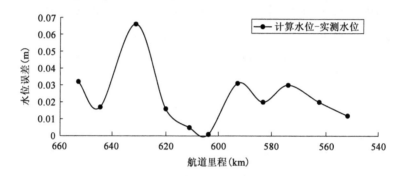

图4-19 数模计算与实测沿程水位误差($Q=27400\mathrm{m}^3/\mathrm{s}$,洪水期)

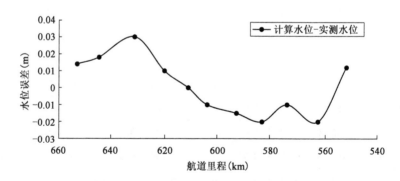

图4-20 数模计算与实测沿程水位比较图($Q=5700\mathrm{m}^3/\mathrm{s}$,蓄水后)

4.3.5.2 典型河段断面实测流速验证

根据已有的朝天门至涪陵段典型河段的实测流场资料,分别选取了广阳坝、洛碛、长寿的典型断面,进行了断面的流速对比。

1)广阳坝河段

本次对 2015 年洪水期 $Q=4400\mathrm{m}^3/\mathrm{s}$ 流量下的实测航槽内断面流速进行了对比。对模型计算值与实测值的对比(图 4-21)进行分析:模拟整体态势与实测资料一致,流速的最大偏差主要出现在航槽边缘,误差控制在 8% 以内,模型对航道内流速模拟准确性较高。

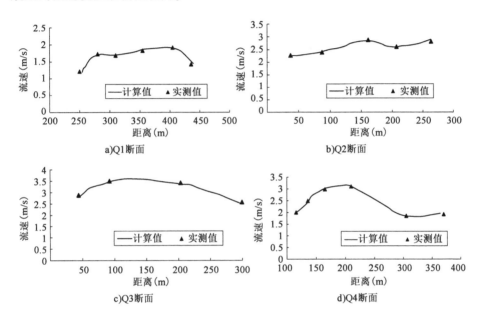

图 4-21 数模计算与实测断面流速分布对比

2)洛碛河段

根据 2015 年 5 月 27 日($Q=6550\mathrm{m}^3/\mathrm{s}$)和 2015 年 8 月 5 日($Q=9790\mathrm{m}^3/\mathrm{s}$)实测的流速分布对数学模型开展了验证。由图 4-22 可见,模型流速分布趋势及主流区位置与实测资料基本一致,平均流速偏差均控制在 ±0.08m/s,模型与原型流速偏差均不大于 ±10%。

3)长寿河段

根据 2015 年 5 月 31 日($Q=5858\mathrm{m}^3/\mathrm{s}$)和 2015 年 8 月 6 日($Q=13113\mathrm{m}^3/\mathrm{s}$)实测的流速分布对数学模型开展了验证。由图 4-23 可见,各断面流速分布变化趋势与实测基本一致,与实测数据偏差最大为 0.1m/s,数学模型计算误差在 ±11.5% 以内。

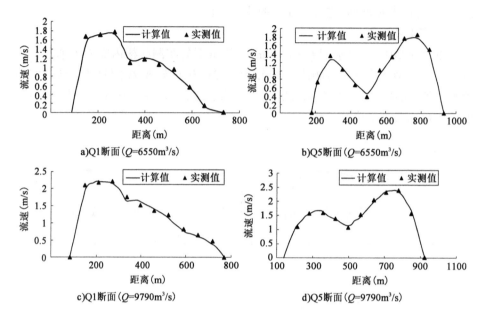

图 4-22　数模计算与实测断面流速分布对比

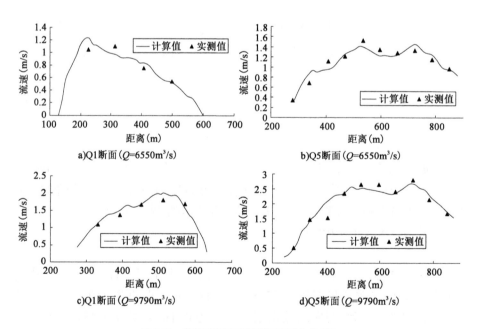

图 4-23　数模计算与实测断面流速分布对比

4.3.6 泥沙冲淤验证

4.3.6.1 淤积位置对比

从朝天门至涪陵段实测地形2009年与2015年的相对变化可以看出,淤积部位集中在郭家沱、洛碛、长寿、青岩子等河段。采用所构建的三峡库尾航道平面二维水沙模型的模拟计算可以看出,淤积部位与实测地形变化的冲淤基本一致。由于实测地形在地形的相对变化中考虑了采砂等因素,同时由于模拟的泥沙边界条件的误差,引起计算结果较实测值相对偏小,但整体冲淤部位基本一致。

4.3.6.2 寸滩站实测卵砾石输移量的对比

将2009—2016年的寸滩站洪、中、枯期的典型流量下的卵砾石推移质输移量(图4-24)与模拟计算结果进行对比(图4-25),对该断面的推移质含量进行统计,得到的寸滩站的卵砾石推移质输移量的误差基本控制在15%以内,最大误差出现在洪水期间,达到12.8%。而在典型枯水与中水期的误差控制基本保持在10%以内(表4-5),说明该模型能够在一定程度上较为真实地反映三峡库尾卵砾石推移质的运动过程。

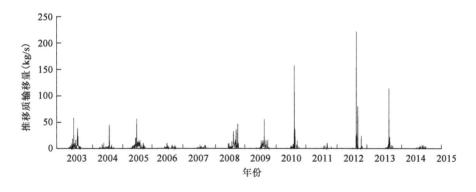

图4-24 实测三峡水库变动回水区寸滩站卵砾石推移质输移率

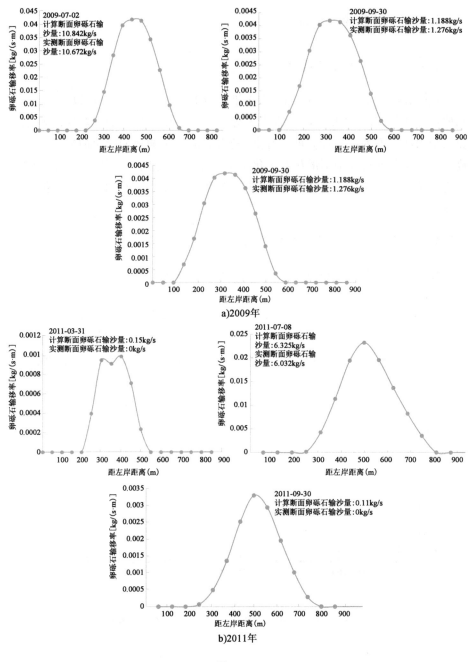

图 4-25

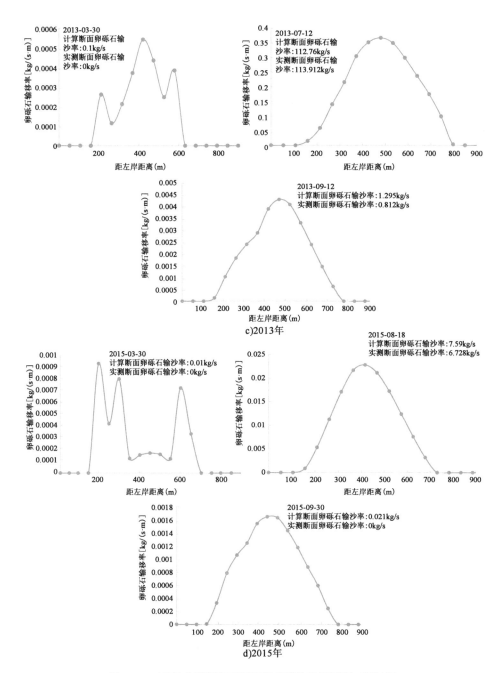

c)2013年

d)2015年

图4-25　寸滩站典型流量下卵砾石推移质输移量实测与模拟对比

寸滩站卵砾石推移质输移率实测与计算值对比 表 4-5

时间	计算典型断面 卵砾石输移率 （kg/s）	实测典型断面 卵砾石输移率 （kg/s）	相对误差 （%）
2009-03-30	0	0	0
2009-07-02	10.842	10.672	1.59
2009-09-30	1.188	1.276	−6.89
2010-03-31	0	0	0
2010-07-19	148.88	157.76	−5.63
2010-09-30	0	0	0
2011-03-31	0.15	0	15
2011-07-18	6.325	6.032	4.86
2011-09-30	0.11	0	11
2012-03-30	0	0	0
2012-07-06	239.76	221.56	8.21
2012-09-30	0	0	0
2013-03-30	0.1	0	10
2013-07-12	112.76	113.912	−1.01
2013-09-30	0.1	0	10
2014-03-30	0	0	0
2014-09-19	4.446	4.176	6.47
2014-10-30	0	0	0
2015-03-30	0.01	0	1
2015-08-18	7.59	6.728	12.8
2015-09-30	0.021	0	2.1

4.3.6.3 三峡库尾重点滩段冲淤变化对比

1）洛碛水道（里程 599.3～605.3 km）

2008 年三峡水库试验性蓄水后，洛碛水道出现累积性淤积，但累积性淤积量不大。根据洛碛水道 2007 年和 2012 年实测地形对比，泥沙淤积主要集中在上下洛碛边滩、上洛碛右侧深槽，其中上洛碛在洛碛镇附近出现最大淤积 8.6m，下洛碛边滩最大淤积 2m，中挡坝碛脑出现最大淤积 3m，迎春石深槽出现最大淤积 4.6m，打梆沱出现最大超过 7m 的冲刷（表 4-6）。

洛碛水道淤积参数表　　　　　　　　　　　表 4-6

时期	数据类型	长度（m）	位置	最大淤积厚度（m）	面积（万 m²）	淤积量（万 m³）	总淤积量（万 m³）
2009—2011	实测值	2696	下洛碛	2	35.3	23.5	—
		819	中挡坝碛脑	3	20.2	21.5	
		1325.7	上洛碛迎春石深槽	4.6	24.4	37.4	
		200.8	十指滩	3.3	1.86	2.05	
		423.6	打梆沱	−7.1	5.08	−12.02	
		6000	整体	4.6	—	—	11.6
	计算值	6000	整体	3.16			9.53

　　根据二维水沙数学模型的计算结果,选取了 2009—2011 年洛碛水道(里程 599~605km)的泥沙输移数据进行分析。根据实测资料分析可知,该段主要为推移质淤积,因此重点分析推移质的输移过程。图 4-26 为该河段泥沙冲淤变化分布。从图中可知,该水道主要为冲淤交替,年内变化幅度不大,总体仍然为冲淤平衡状态,实测冲淤量为 11.6 万 m³。数学模型统计了 2009—2011 年的冲淤量,为 9.53 万 m³,冲淤态势与实测值基本一致,计算误差为 17.8%。从实测图与计算所得冲淤部位对比可知,冲淤部位基本一致,计算所得泥沙最大淤积为 3.16m 左右,该段实测冲淤变化最大淤积为 4.6m,可能与泥沙进口推移质含量及床沙级配调整偏差有关,误差为 31%。

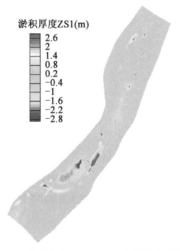

淤积厚度ZS1(m)

2.6
2
1.4
0.8
0.2
−0.4
−1
−1.6
−2.2
−2.8

图 4-26　洛碛水道 2007—2011 年计算地形变化

选取典型断面的实测与计算地形变化进行对比可知(图4-27),计算断面冲淤态势与实测值基本一致,冲淤幅度在河槽边界上的误差相对较大,冲淤变化误差控制在±13.2%以内。

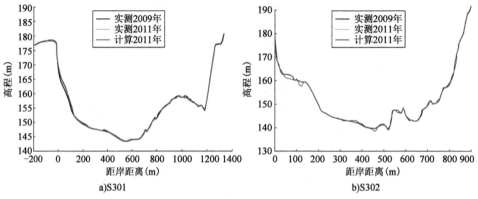

a)S301　　　　　　　　　　　　　　　　b)S302

图4-27　洛碛水道典型断面地形变化对比

考虑该段的河床组成特性,河床构成主要为推移质,因此造床的重点也是关注推移质的输沙路径。图4-28为平面二维水沙数学模型计算的典型流量下的推移质输移分布。洪水期,推移质输沙主要集中在主河槽内,最大输沙与主要淤积部位基本一致,最大输移率为1.12kg/(s·m);而在典型枯水期(2011年12月3日),推移质输移率基本为0,说明在该阶段基本不运动。

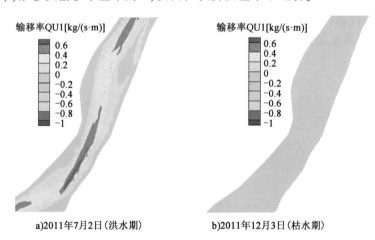

a)2011年7月2日(洪水期)　　　　　b)2011年12月3日(枯水期)

图4-28　典型流量下洛碛水道推移质输移分布

2)长寿水道(里程580~589 km)

三峡水库试验性蓄水后,长寿水道出现累积性淤积,但累积性淤积量不大,汛期是长寿水道主要淤积时段,丰水丰沙年泥沙淤积更为明显,消落期长寿水道有一定冲刷。长寿水道2007—2011年淤积量见表4-7。

长寿水道实测淤积参数与计算冲淤表　　　　　　　　　　表4-7

时段	位置	长度 (m)	宽度 (m)	最大淤积 厚度(m)	面积 (万 m²)	淤积量 (万 m³)	总淤积量 (万 m³)
2007-12— 2012-11	忠水碛碛脑	985.5	206.7	1.4	12.17	5.68	123.7
	忠水碛碛翅	320.5	62.7	1.7	1.72	0.975	
	王家滩右岸	4075	226.7	14	39.04	106.71	
	柴盘子	422.6	165.8	1.6	5.7	3.04	
	灶门子上游	179.6	138.2	1.4	1.92	2.688	
	灶门子	160.6	113.17	1.2	1.27	1.524	
	码头碛	250.3	153.4	3.1	2.98	3.08	
2009—2012	实测值	9000	—	1.2	—	—	10.8
2009—2012	计算值	9000	—	1.21	—	—	8.94

根据全水道平面二维水沙数学模型计算结果与实测值进行对比(图4-29):从地形的相对变化来看,最大淤积厚度约为0.87m,而实测的河道内的淤积(排除采砂影响)最大厚度为1.2m,但其淤积部位与实测地形的泥沙淤积部位基本一致。根据表4-7可知,该河段泥沙冲淤变化幅度不大,2009—2012年的淤积总量约为10.8万 m³。计算得该河段整体淤积约为8.94万 m³,与实测值的误差为17.2%。选取典型断面的实测与计算地形变化进行对比可知(图4-30),计算断面冲淤态势与实测值一致,冲淤幅度较实测值在主槽相对略小,误差控制在15.8%以内。

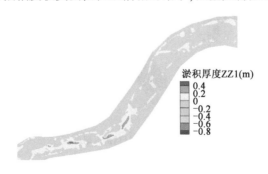

图4-29　长寿水道2007—2011年计算地形变化

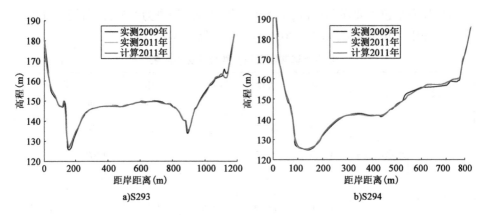

a)S293   b)S294

图4-30　长寿水道典型断面地形变化对比

图4-31为平面水沙模型计算的长寿水道在洪水和枯水期典型流量下推移质输移带的分布,从图中可知,推移质运动在洪水期间主要集中在主河槽内,强输沙带对应的为推移质的主要淤积部位,最大输移率为$0.93\mathrm{kg/(s \cdot m)}$;在枯水期,流量为$4320\mathrm{m^3/s}$下的主河槽内基本没有推移质的运动,输沙带强度基本为0;消落期的典型流量下卵砾石推移质仍在运动,运动强度较洪水期弱,但是仍有输沙,输移率保持在基本$0.1\mathrm{kg/(s \cdot m)}$,说明推移质运动主要发生水动力条件较强情况下。

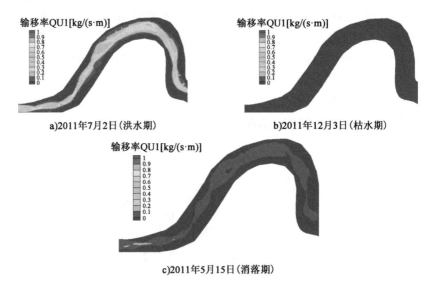

a)2011年7月2日(洪水期)   b)2011年12月3日(枯水期)

c)2011年5月15日(消落期)

图4-31　典型流量下长寿水道推移质输移分布

3）青岩子—牛屎碛河段（航道里程 555~567 km）

根据青岩子—牛屎碛河段实测冲淤变化分布，该河段主要淤积区有三处：上游五羊溪深槽（龙须碛）出现淤积，长度约 780m，宽度约 168m，最大淤积厚度约 2m；下游牛屎碛段的五步政段，长度约 1123.5m，宽度约 175m，最大淤积厚度约 3m；读书滩一带，长度约 520m，宽度约 167m，最大淤积厚度约 2m。此外，青岩子也出现了冲刷区。根据现场调研，青岩子冲刷区的主要冲刷是由于河道采砂造成，如金川碛尾出现了长约 836m、宽约 328m、最大开挖深度 13.5m 的开采区，另在牛屎碛左侧也出现了小范围的冲刷。青岩子水道（含牛屎碛）冲淤参数见表 4-8。

青岩子水道（含牛屎碛）冲淤参数表　　　　表 4-8

时段	位置	长度 （m）	宽度 （m）	最大淤积 厚度（m）	淤积量 （万 m³）	总淤积量 （万 m³）
2013-11— 2014-11	龙须碛	780	168	2	19.1	57.2 （未考虑 河道采砂）； −18.1（考 虑采砂）
	金川碛碛尾（采砂）	836	328	−13.5	−75.3	
	五步政	1123.5	175	3	29.5	
	读书滩	520	167	2	8.6	

采用平面二维水沙数学模型计算结果如图 4-32 所示。该河段呈现整体淤积态势，主要淤积部位与实测淤积部位基本保持一致，由于该模型未考虑人为影响（采砂），因此没有显著的冲刷部位，最大的淤积为 0.67m，较实测地形相对变化偏小。统计 2013-11—2014-11 的泥沙冲淤量为 44.3 万 m³，较实测值（未考虑采砂影响）误差为 22.5%。选取典型断面的实测与计算地形变化进行对比可知（图 4-33），计算断面冲淤态势与实测值基本一致，计算的地形变化较实测值略小，冲淤地形变化误差在 18.9% 以内。

图 4-34 为平面水沙模型计算的青岩子—牛屎碛河段在洪水和枯水期典型流量下推移质输移带的分布图。从图中可知，推移质运动在洪水期间主要集中在主河槽内，洪水期最小输移率为 0.41kg/（s·m）。随着水动力条件的减弱，至枯水期典型流量下所示推移质基本不再运动，此时输沙强度基本上为 0，说明推移质运动主要集中在洪水期。同时选取消落期的 2014 年 5 月 15 日典型流量下的推移质输沙分布，从图中可知，此时卵砾石输移率较低，保持在 0.01 kg/（s·m）以下。

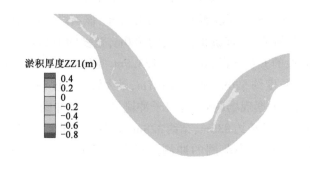

图 4-32 青岩子—牛屎碛河段计算冲淤变化分布

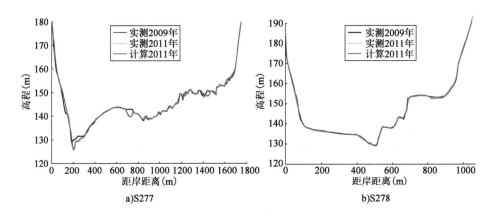

图 4-33 青岩子水道典型断面地形变化对比

4.3.6.4 三峡变动回水区重庆至涪陵段床沙级配变化

选取三峡变动回水区重庆至涪陵段的寸滩、广阳坝、木洞、长寿水道的床沙级配变化进行分析。考虑本书考虑的卵砾石推移质计算粒径组在10mm以上,统计区间沿程床沙级配呈现减小趋势,根据各水道的级配变化对比(图4-35)可知,床沙整体级配有细化的趋势,但幅度非常小,仅为3.25% ~ 6.54%,因此可以认为床沙组成基本稳定,未发生显著变化。因而,可将该床沙级配分布应用于朝天门至涪陵段长系列水文年的航道演变预测中。

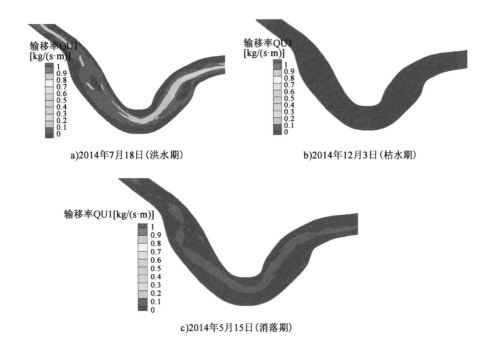

a)2014年7月18日(洪水期)

b)2014年12月3日(枯水期)

c)2014年5月15日(消落期)

图4-34 典型流量下推移质输移分布

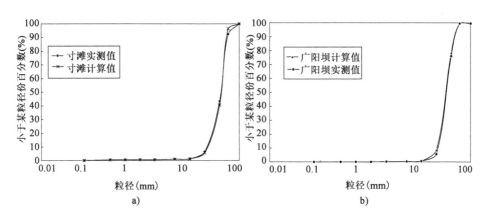

a)

b)

图 4-35

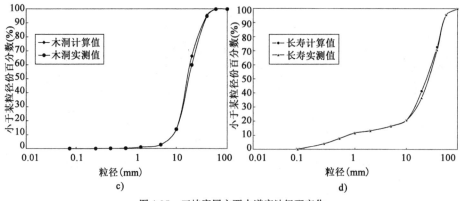

图4-35 三峡库尾主要水道床沙级配变化

4.4 水沙系列年的选取

4.4.1 三峡入库水沙变化概况

图4-36为三峡入库控制站寸滩站1950—2017年的年均径流与年均输移量的变化情况。由图可知,寸滩站年均径流量变化幅度不大,自三峡水库运行以来,2003—2017年均径流量为3262m³/s,较1990年以前系列年3520m³/s的径流量略减少7%,较1990—2002年系列3339m³/s的径流量减少2%,基本维持在同一水平。年输移量方面,自1950年以来变化显著:与1990年前均值相比,1991—2002年寸滩站年均输移量减少约27%;进入21世纪后,三峡上游来沙减少趋势仍然持续,与1990年前均值相比,寸滩站2003—2017年年均输移量减少50%以上;2012年上游向家坝水电站运行以后,寸滩站的输移量进一步减少,2015年以来维持在一个较低的水平,至2017年的输移总量约为3470万t,较1990系列年减少了约97%。

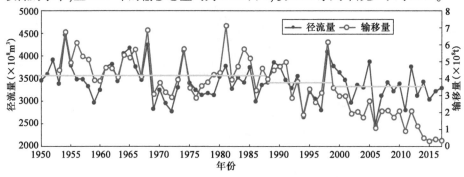

图4-36 寸滩站年均径流与年均输移量随时间变化

考虑三峡库尾重庆至涪陵段位于三峡水库变动回水区,根据前期研究成果可知,2003—2017 年三峡库区的泥沙淤积 92%集中于常年回水区(图 4-37),而变动回水区天然条件下航道地形变化主要为推移质冲淤引起,基本未出现细沙淤积。因此,水沙系列年选取着重考虑该段推移质输沙量的代表性。

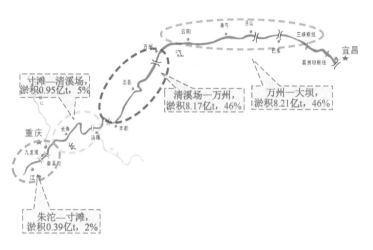

图 4-37 三峡库区泥沙淤积分布

图 4-38 为寸滩站 1991 年以来年推移质量变化情况。至 2017 年,寸滩站沙质推移质输沙量为 0.0135 万 t,较 2003—2016 年均值(1.28 万 t)减少了 99%,寸滩站卵砾石推移量为 3.75 万 t,与 2003—2016 年均值(3.67 万 t)相比,基本不变,略增多 2%。

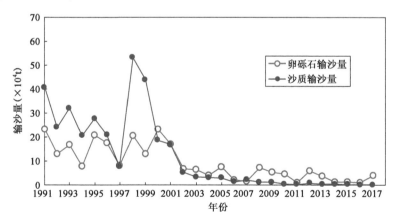

图 4-38 年径流与年输沙量变化关系

4.4.2 三峡入库水沙变化趋势分析及系列年选取

年径流与输沙时序格局变化检测采用 Mann-kendall 检验法。Mann-Kendall 统计检验方法是一种非参数统计检验方法,其优点是不需要样本遵从一定的分布,不受少数异常值干扰,更适用于类型变量和顺序变量。原理与计算方法为:

对具有 n 个样本量的时间序列,构造一秩序列:

$$S_k = \sum_{i=2}^{k} \sum_{j=1}^{i} r_j \qquad (k=2,3,\cdots,n) \tag{4-48}$$

式中,当 $1 \leqslant j \leqslant i, x_i > x_j$ 时,$1 \leqslant j \leqslant i, r_i = 1$;否则 $r_i = 0$。

在时间序列随机独立的假定下,定义统计量:

$$\mathrm{UF}_k = \frac{S_k - E(S_k)}{\sqrt{\mathrm{Var}(S_k)}} \qquad (k=2,3,\cdots,n) \tag{4-49}$$

其中,$\mathrm{UF}_1 = 0$,$E(S_k)$、$\mathrm{Var}(S_k)$ 分别为累计数 S_k 的均值与方差,在 $x_1, x_2, \cdots, x_n$ 相互独立且具有相同连续分布时,可由以下算式分别求出:

$$E(S_k) = \frac{n(n-1)}{4} \qquad \mathrm{Var}(S_k) = \frac{n(n-1)(2n+5)}{72} \tag{4-50}$$

UF_i 为标准正态分布,它是按时间序列 x 顺序 $x_1, x_2, \cdots, x_n$ 计算出的统计量序列。按时间序列逆序 $x_n, x_{n-1}, \cdots, x_1$,再重复上述过程,同时使 $\mathrm{UB}_k = -\mathrm{UF}_k, k = n, n-1, \cdots, 1$,$\mathrm{UB}_1 = 0$。分析 UF_k 与 UB_k 特征曲线图,若 UF_k 或 UB_k 的值大于 0,则表明序列呈上升趋势;小于 0 则表明下降趋势。当其超过临界直线时,表明上升或下降趋势显著。统计值超过显著性 $a=0.01$ 的临界值,说明发生突变的概率较大,若两条曲线的交点在临界值线之间,则其对应的时刻便是突变开始的时间。

径流及输沙变化趋势分析采用 R/S 极差分析法(Rescaled Range Analysis)。通过 Hurst 指数 $H(0 < H < 1)$ 对时间序列变化趋势进行判断,其原理如下:

对时间序列 $k(t)$,$t=1,2,\cdots$,对于任意正整数 $j \geqslant t \geqslant 1$,定义如下:

均值:

$$k_j = \frac{1}{j} \sum_{t=1}^{j} k(t) \tag{4-51}$$

累计离差:

$$X(t,j) = \sum_{u=1}^{j} (k(u) - k_j) \tag{4-52}$$

极差：

$$R(j) = \max X(t,j) - \min X(t,j) \tag{4-53}$$

标准差：

$$S(j) = \left[\frac{1}{j} \sum_{t=1}^{j} (k(t) - k_j)^2 \right]^{1/2} \tag{4-54}$$

将 $(\ln j, \ln R/S)$ 用最小二乘法拟合，所得拟合直线的斜率即为 H 值。当 $H = 0.5$ 时，说明序列为一个完全独立的随机过程；当 $H < 0.5$ 时，表明未来变化状况与过去相反，即反持续性，H 越小，反持续性越强；当 $H > 0.5$ 时，表明未来变化状况与过去一致，即有持续性，H 越接近 1，持续性越强。

M-K 检验法对样本的分布无要求且不受少数异常值的干扰。寸滩站缺失 1967—1971 年的资料，因此采用前 5 年与后 5 年径流平均值替代。图 4-39、图 4-40 为寸滩站年均径流与输沙时空变化特征曲线。

三峡水库入库控制站的寸滩站 UF 曲线统计值在临界线值范围内波动，受嘉陵江径流变化影响，进入 2000 年后基本为负值，呈现下降趋势，至 2017 年变化幅度未超过临界值线，说明三峡水库入库控制站的径流年际下降趋势幅度不大，出现加速下降概率较小。而输沙方面，作为三峡水库入库控制站的寸滩站的 UF-UB 曲线统计值均为负值，进入 1992 年后呈连续下降，于第 48 年（2002 年）后超过临界值线，说明下降趋势进一步加剧（图 4-40）。

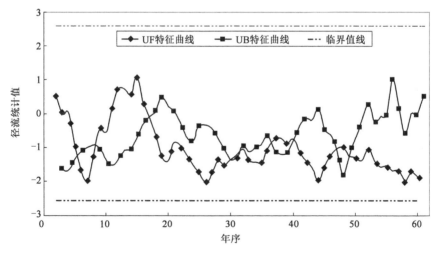

图 4-39 寸滩站年径流 M-K 时空变化特征曲线

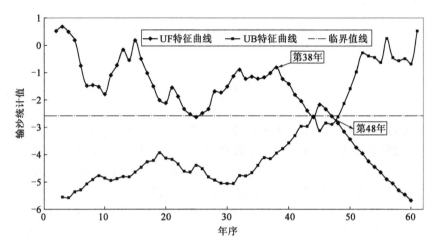

图 4-40　寸滩站年输沙 M-K 时空变化特征曲线

利用 R/S 分析法进一步确定控制站的年均径流及输沙的发展趋势。根据 R/S 特征曲线(图 4-41)可知,寸滩站的 H 值分别为 0.64、0.80,均大于 0.5,说明输沙未来趋势与过去一致,即:寸滩站将延续其在临界值线区间内的微小变幅,未来几年出现显著下降趋势的概率较小。三峡入库输沙呈现下降趋势,幅度显著。朱沱站径流与输沙的 H 值分别为 0.66、0.64,均大于 0.5,说明各站年径流与输沙变化趋势与过去基本一致,即:径流方面,延续其在临界值线区间内的微小变幅,出现显著下降趋势的概率较小;输沙方面,变化趋向呈现显著下降趋势,在 2008 年以后该趋势较为一致。

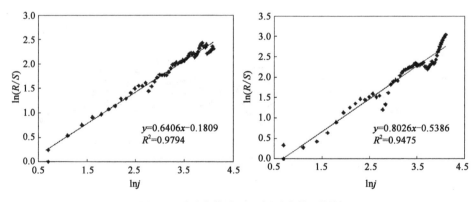

图 4-41　径流与输沙 R/S 时空变化特征曲线

考虑对朝天门至涪陵段的航道演变预测过程中,入库泥沙来量是其可靠性的重要组成部分之一,由于三峡库尾的造床过程主要由推移质完成,因此,分别对1991年以来的沙质推移质与卵砾石推移质的量过程进行检验分析。图4-42与图4-43为寸滩站沙质推移质与卵砾石推移质的M-K特征曲线变化。可以看出,沙质推移质呈减少趋势,分别在2005年以后基本维持在降低的来量水平;卵砾石推移质的迅速减少出现在2003年,随后基本维持在该水平内,2012年UB > 0,说明2011—2012年卵砾石推移质有一定的增加,随后特征值呈现一定波动,波动幅度基本维持在现有水平。

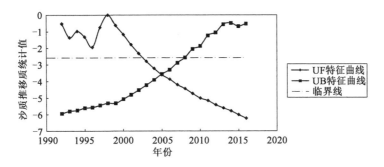

图4-42　沙质推移质 M-K 特征曲线

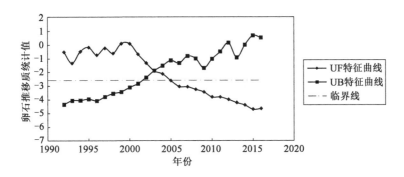

图4-43　卵砾石推移质 M-K 特征曲线

同时对其进行了 *R/S* 趋势分析(图4-44)可知:沙质推移质与卵砾石推移质变化的相关系数均大于0.5,在未有超过所使用系列年的突发性自然变化的条件下,推移质整体将维持目前的水平。

结合三峡水库的调度特点,综合上述水沙趋势关系的分析,考虑系列年应选择包含大水大沙年、中水中沙年及小水少沙年的要求,本书采用了2008—2017年的10年水沙系列年作为预测三峡库尾航道演变趋势的控制边界条件。

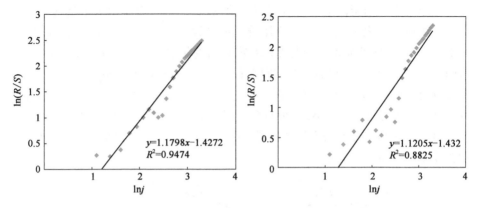

图4-44　沙质与卵砾石推移质 R/S 时空变化特征曲线

4.5　长系列水文年计算条件

计算初始地形采用2017年11月实测值,测图比例为 1 : 2000。选取2008—2017年系列水文年的水沙条件作为三峡库尾重庆至涪陵段天然条件下30年航道泥沙冲淤变化预测的模型进出口边界条件。该模型悬移质进口条件、沙质推移质进口条件以及卵砾石推移质进口条件均采用选取水沙系列年的寸滩站实测资料,其他模型计算参数设置与3.2节中模型验证一致。悬移质输沙率公式采用张瑞瑾公式,推移质输沙率公式采用 Meyer-peter 公式;水流计算步长为5s,泥沙计算步长为10s,计算年限为30年,采用2008—2017水沙系列年的3次循环完成。

4.6　三峡变动回水区重点河段30年后泥沙冲淤预测及其对航道影响

朝天门至涪陵段位于三峡变动回水区,主要表现为冲刷,但幅度不大,整体河段基本冲淤幅度不大,天然条件下30年后河道泥沙冲淤量为 –275.4 万 m³,淤积最大2.4m,出现在黄角滩(航道里程 651 km)。朝天门至涪陵段泥沙淤积的位置及幅度基本不变,淤积主要部位基本为郭家沱、洛碛、长寿以及青岩子等,与目前的实测淤积情况基本一致,并未出现新的淤积部位。以下对重点河段的推移质输移过程及对航道的影响进行详细分析。

4.6.1 广阳坝河段

1)河段泥沙淤积与输沙分布

统计该河段(航道里程 632~642 km)天然条件下 30 年后河道冲淤变化,见表 4-9 与图 4-45。从表 4-9 可知,该河段整体呈现微淤态势,淤积幅度不大,平均淤积厚度约 0.01m。根据计算结果的分析,该段的泥沙淤积以推移质为主。飞蛾碛有一定的淤积,淤积最大幅度为 0.956m,对比该区域水深等深线分布可知(图 4-46、图 4-47),该区域在消落期低水位水深均在 10m 以上,河段整体的水深基本均在 6m 以上。

广阳坝河段泥沙冲淤量统计　　　　　　　　　　　　　　　　表 4-9

序号	预测年限	预测冲淤量统计(万 m³)
1	预测 30 年	6.476
2	第一个 10 年	2.714
3	第二个 10 年	2.023
4	第三个 10 年	1.739

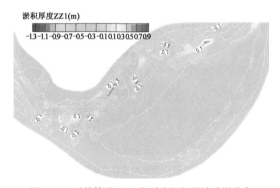

图 4-45　天然情况下 30 年后广阳坝泥沙冲淤分布

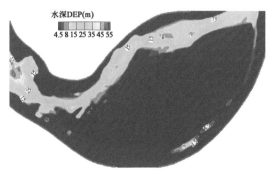

图 4-46　天然情况下数值模拟的广阳坝消落期水深等深线

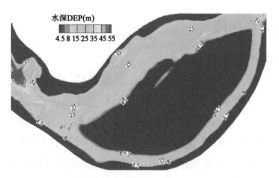

图 4-47　天然情况下数值模拟的广阳坝洪水期水深等深线

选取三个典型流量下(洪水、消落期与枯水期)的推移质输移率进行统计(图 4-48 ~ 图 4-50)可知,输移率与水动力强度密切相关,随着水动力条件增强而增强。洪水期的推移质输移率较大,基本整个河槽内均有推移质运动;在枯水期推移质基本不参加运动;在消落期推移质输移率小于洪水期,约为洪水期的 1/3。

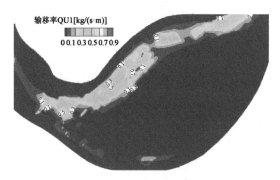

图 4-48　广阳坝洪水期推移质输移率分布

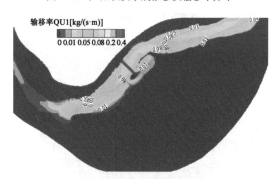

图 4-49　广阳坝消落期推移质移率分布

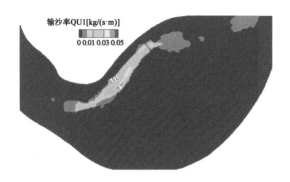

图 4-50 天然情况下广阳坝枯水期推移质输移率分布

2）航道内泥沙淤积与输沙分布分析

根据三峡库尾重庆至涪陵段的现行航槽，广阳坝水道航道内的泥沙冲淤分布如图 4-51 所示。航槽内主要在飞蛾碛航线的左槽边界上有一定的淤积，淤积强度最大为 0.98m。

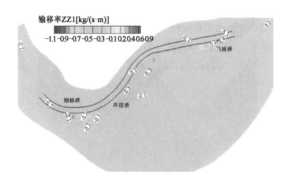

图 4-51 天然情况下广阳坝 30 年后航槽内泥沙冲淤分布

通过航槽内洪水期与消落期典型流量下的水深等深线分布可知（图 4-52、图 4-53），洪水期基本淤积部位的水深均在 20m 以上，因而对航槽影响不大；消落期飞蛾碛左槽边界附近淤积最大为 0.98m，而此范围水深等深线在 10m 以上，因此泥沙的淤积对该段的通航水深不会产生不利影响。

图 4-54 与图 4-55 为洪水期与消落期典型流量下的航槽内推移质输移率分布。从图中可知，在洪水期走沙基本在主航槽内，输移率最大为 0.45kg/（s·m），主要在芦席碛航线左槽边界附近；消落期间，输移率较洪水期小，集中仍在芦席碛至飞蛾碛左槽附近，输移率最大为 0.085kg/（s·m）。

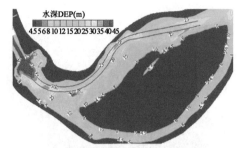

图 4-52　数值模拟的广阳坝洪水期航槽内水深等深线

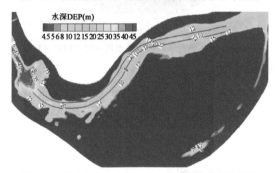

图 4-53　数值模拟的广阳坝消落期航槽内水深等深线

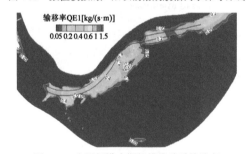

图 4-54　广阳坝洪水期航槽推移质输移率

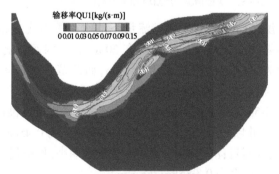

图 4-55　广阳坝消落期航槽推移质输移率

4.6.2 洛碛河段

1)河段泥沙淤积与推移质输沙分布

统计该河段(航道里程599.3~605.3 km)天然条件下30年后河道冲淤变化,见表4-10、图4-56。从表中可知,该河段整体呈现微淤态势,淤积幅度不大,平均淤积厚度约0.02m。根据对计算结果的分析,基本淤积的为推移质。洛碛段在上洛碛边滩与中挡坝附近泥沙淤积显著,淤积最大幅度为1.31m,对比该区域水深等深线分布可知(图4-57、图4-58),该区域在消落期典型流量下5m等深线范围内,对航槽可能产生不利影响。

洛碛段统计泥沙冲淤量 表4-10

序号	预测年限	预测冲淤量统计(万 m³)
1	预测30年	7.708
2	第一个10年	2.439
3	第二个10年	2.861
4	第三个10年	2.408

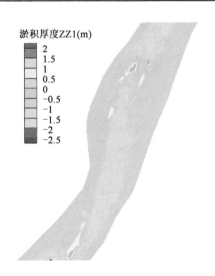

淤积厚度ZZ1(m)
2
1.5
1
0.5
0
-0.5
-1
-1.5
-2
-2.5

图4-56 天然情况下30年后洛碛段推移质冲淤分布

进一步统计该河段冲淤分布变化过程(图4-57~图4-59)。从洛碛河段的泥沙冲淤变化可知,冲淤变化位置相对一致,未出现新的淤积部位,与实测的淤积部位也差不多一致。每次循环的淤积最大幅度基本保持在0.32m左右。

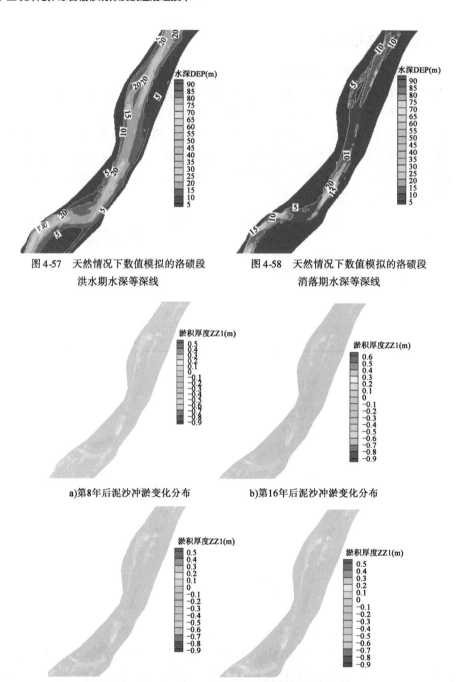

图 4-57　天然情况下数值模拟的洛碛段　　　图 4-58　天然情况下数值模拟的洛碛段
　　　　洪水期水深等深线　　　　　　　　　　　　消落期水深等深线

a)第8年后泥沙冲淤变化分布　　　　　　　b)第16年后泥沙冲淤变化分布

c)第24年后泥沙冲淤变化分布　　　　　　　d)第30年后泥沙冲淤变化分布

图 4-59　天然情况下洛碛段泥沙冲淤变化过程

选取三个典型流量下(洪水期、消落期以及枯水期)的推移质输移率分布进行统计(图4-60~图4-62)可知,输移率与水动力强度密切相关,随着水动力条件增强而增强。洪水期的推移质输移率较大,基本整个河槽内均有推移质运动;枯水期推移质基本不参加运动;消落期推移质输移率小于洪水期,约为洪水期的1/5。

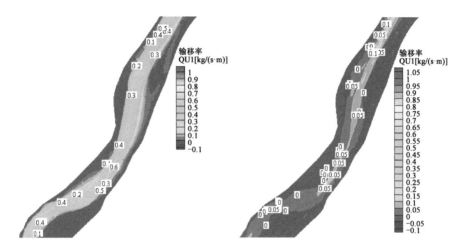

图4-60　洛碛段洪水期推移质输移率分布　　　图4-61　洛碛段消落期推移质输移率分布

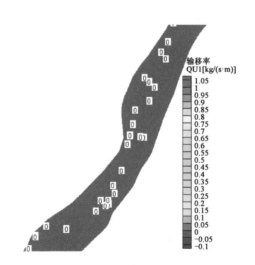

图4-62　天然情况下洛碛段枯水期推移质输移率分布

2)航道内泥沙淤积与输沙分布分析

根据三峡库尾重庆至涪陵段的规划航槽,洛碛水道航道内的泥沙冲淤变化分布如图 4-63 所示。航槽内主要在中挡坝以及上洛碛的左槽边界上有一定的淤积,淤积强度最大为 1.12m。

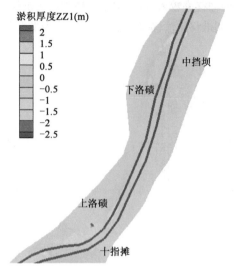

图 4-63　天然情况下洛碛段 30 年航槽内推移质冲淤分布

通过航槽内洪水期与消落期典型流量下的水深等深线分布可知(图 4-64、图 4-65),洪水期基本淤积部位的水深均在 15m 以上,因而对航槽影响不大;但是在消落期中挡坝与上洛碛的左槽边界附近的水深等深线在 5m 范围内,因而该处泥沙淤积可能对通航水深产生不利影响。

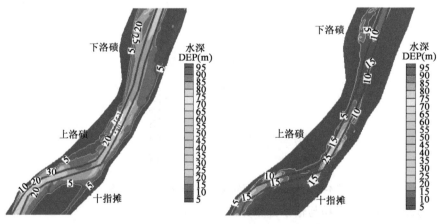

图 4-64　数值模拟的洛碛段洪水期航槽内水深等深线

图 4-65　数值模拟的洛碛段消落期航槽内水深等深线

图4-66与图4-67为洪水期与消落期典型流量下的航槽内推移质走沙强度分布。从图中可知,在洪水期走沙基本在主航槽内,输移率最大为0.62kg/(s·m),主要集中在上洛碛的左槽边界附近;消落期间,走沙强度较洪水期弱,走沙强度集中仍在上洛碛左槽附近,输移率最大为0.11kg/(s·m),说明该区域的通航需要注意输沙过程对航深的影响。

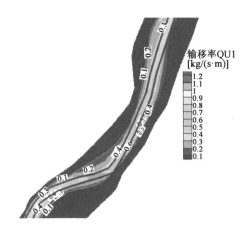 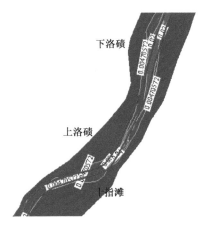

图4-66　洛碛段洪水期航槽推移质输移率　　　图4-67　洛碛段消落期航槽推移质输移率

4.6.3　长寿河段

1)河段泥沙淤积与输沙分布

表4-11与图4-68为长寿河段(航道里程580~589km)天然状态下30年后河道冲淤变化分布。根据计算结果分析,该段的悬移质基本未发生淤积,该段的造床作用主要由推移质完成。该河段30年后整体呈现微冲状态,冲刷量为 −4.721万m³,相较于该段的推移质可动存量9.4万m³要小,说明该段的推移质冲淤整体变化不大。主要的淤积部位集中在扇沱以及忠水碛尾部,最大淤积幅度为2.01m及0.72m。

长寿段泥沙冲淤量统计　　　　　　　　　表4-11

序号	预测年限	预测冲淤量统计(万 m³)
1	预测30年	−4.721
2	第一个10年	−1.537
3	第二个10年	−1.759
4	第三个10年	−1.425

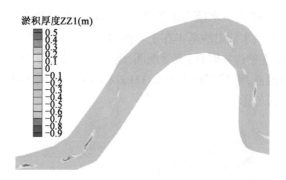

图4-68　天然情况下王家滩30年泥沙冲淤变化分布

洪水期与消落期典型流量下的水深分布如图4-69所示,对比泥沙淤积分布来说,主要淤积部位的水深在洪水期都满足水深的要求;但是在消落期间,局部主要淤积部位的水深等深线5m范围以内,对航道通航可能造成不利的影响。

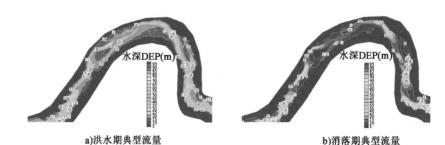

a)洪水期典型流量　　　　　　　　　　b)消落期典型流量

图4-69　天然情况下数值模拟的王家滩段典型流量水深等深线

图4-70为该河段每次循环的泥沙冲淤变化分布。淤积部位基本保持一致,淤积强弱基本维持在0.5~0.6m之间,冲淤位置相对一致,未出现新的淤积部位,同时与实测泥沙淤积部位也差不多一致。

a)第8年后泥沙冲淤变化分布

b)第16年后泥沙冲淤变化分布

图　4-70

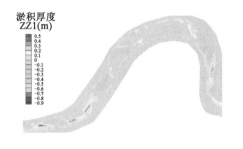
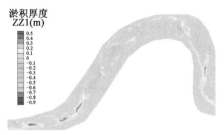

c)第24年后泥沙冲淤变化分布   d)第30年后泥沙冲淤变化分布

图4-70　天然情况下王家滩段泥沙冲淤过程

　　选取三个典型流量下(洪水期、消落期及枯水期)的推移质输沙率进行分析(图4-71)可知,推移质走沙主要集中在主河槽内,洪水期的推移质推移率较大,约为 $0.43\text{kg}/(\text{s}\cdot\text{m})$;在消落期推移质仍在运动,但推移率较洪水期弱,最大约为 $0.06\text{kg}/(\text{s}\cdot\text{m})$,到枯水期后,受到蓄水影响,水动力强度进一步减弱,推移质基本不运动,推移率基本为0。

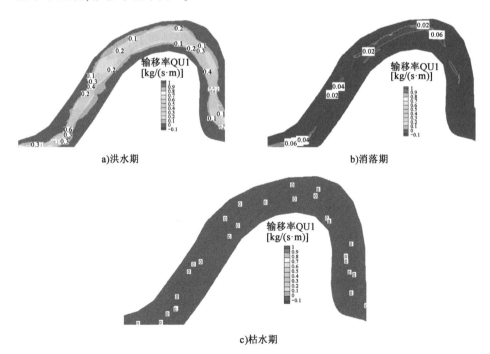

a)洪水期   b)消落期

c)枯水期

图4-71　天然情况下王家滩段枯水期推移质输移率分布

2)航道内泥沙淤积以及输移率分析

该河段规划航槽内的泥沙冲淤分布如图 4-72 所示。从图中可知,淤积部位主要在深滩区域(观音滩、担子石、马皮包以及鳝鱼尾),担子石最大淤积厚度约1.39m,马皮包航槽内最大淤积高度为 2.01m,忠水碛尾部有一定的淤积,淤积厚度约为 0.72m。航槽内整体的冲淤变化幅度不大。

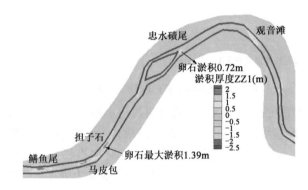

图 4-72　天然情况下王家滩段 30 年后航槽内推移质冲淤分布

结合航槽内在消落期间的水深等深线分布(图 4-73)可知,主要淤积部位的深槽的水深基本在 25m 以上,而忠水碛尾部的水深亦保持在 10m 以上。因此,对比泥沙淤积量而言,对航深影响不大。同样对比洪水期的水深等深线分布,航槽内水深基本保持在 15m 以上,卵砾石的淤积暂时不会对航槽水深引起不利的影响。

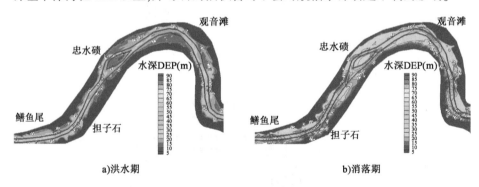

a)洪水期　　　　　　　　　　　　　b)消落期

图 4-73　天然情况下数值模拟的王家滩段消落期航槽内水深等深线分布

为了分析航槽内推移质输移对通航条件的影响,统计了推移质推移率在航槽内的分布。从图 4-74 可知,该段洪水期的输移率最大为 0.34kg/(s·m),输沙主要集中在航槽内,结合水深等深线分布可知,输移率对航槽水深影响不大。消落期的输移率为 0.012kg/(s·m),对航槽影响亦不显著。

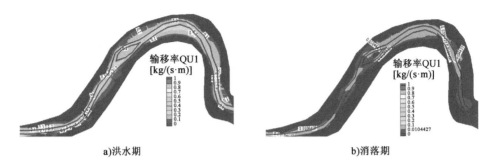

a)洪水期　　　　　　　　　　　　b)消落期

图 4-74　天然情况下王家滩段航槽内推移质输移率分布

4.6.4　青岩子河段

1)河段泥沙淤积与输沙分布

青岩子河段的航道里程为 555～567km。天然情况下 30 年后的泥沙冲淤分布见表 4-12、图 4-75。从图中可知,该段的最大淤积厚度为 1.21m,主要出现在龙须碛、金川碛、牛屎碛附近,与实测淤积部位保持一致,但是推移质淤积幅度较小,整体仅表现为卵石轻微冲刷。

青岩子—牛屎碛段统计泥沙冲淤量　　　　　　　　表 4-12

序号	预测年限	预测冲淤量统计(万 m³)
1	预测 30 年	31.71
2	第一个 10 年	12.32
3	第二个 10 年	10.98
4	第三个 10 年	8.41

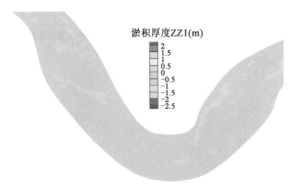

图 4-75　天然情况下青岩子河段 30 年后推移质冲淤分布

结合消落期与洪水期典型流量下的水深等深线分析(图4-76),洪水期的卵砾石淤积量及厚度对水深的影响较小,整个河段的水深基本保持在10m以上;而在消落期主要淤积部位的水深有5m在等深线范围内,但是由于整体淤积最大厚度为0.46m左右,因此推移质运动对该段水深敏感性较上游重点河段小。

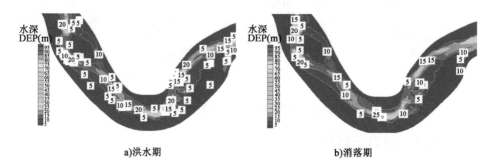

a)洪水期   b)消落期

图4-76 天然情况下数值模拟的青岩子河段典型流量水深等深线分布

进一步统计该河段的推移质冲淤变化过程(图4-77),可知基本冲淤变化位置相对一致,未出现新的淤积部位,同时与实测的全沙淤积部位也差不多一致。每次循环的淤积最大幅度基本保持在0.12m左右。

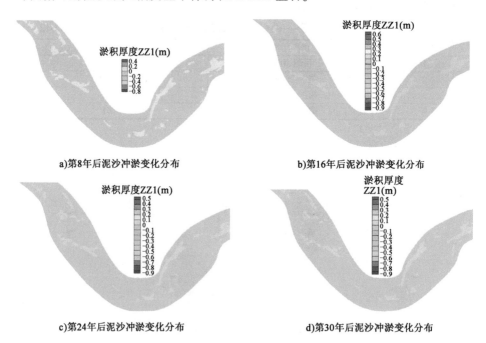

a)第8年后泥沙冲淤变化分布   b)第16年后泥沙冲淤变化分布

c)第24年后泥沙冲淤变化分布   d)第30年后泥沙冲淤变化分布

图4-77 天然情况下青岩子河段30年后推移质冲淤过程

通过对推移质输移率的进一步分析,选取三个典型流量下(洪水期、消落期与枯水期)进行统计(图4-78)可知,枯水期推移质基本不运动,而消落期与洪水期推移质运动基本在主槽内,洪水期最强输移率基本保持在0.2kg/(s·m)。

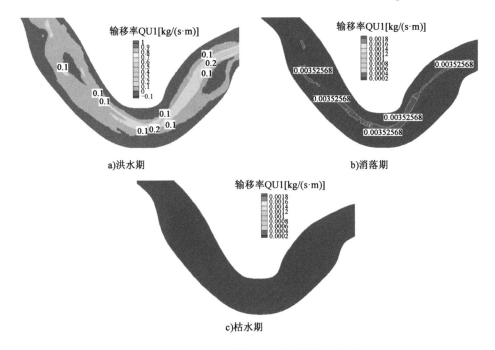

a)洪水期   b)消落期

c)枯水期

图4-78 天然情况下青岩子河段推移质输移率分布

2)航道内泥沙淤积以及输沙分布分析

图4-79为规划航道内的推移质未来30年的冲淤分布。从图中可知,规划航道内主要在龙须碛与读书滩有一定的淤积,淤积最大厚度分别为0.36m与0.46m,而在老鹰石航槽右侧边界附近有一定淤积,淤积最大厚度约为0.32m,航槽内其他地方的淤积最大不超过0.12m。

统计消落期与洪水期的典型流量下的水深等深线分布(图4-80、图4-81)可知,消落期间,航槽内水深基本保持在10m以上,航槽边界水深均保持在5m以上。而航槽内淤积最大部位的水深等深线均超过5m,因而泥沙淤积对消落期航槽内的水深影响较小。而在洪水期典型流量下的水深基本保持在15m以上,泥沙淤积最大部位航深也保持在8m以上,因此,在洪水期泥沙淤积对航深影响亦不大。

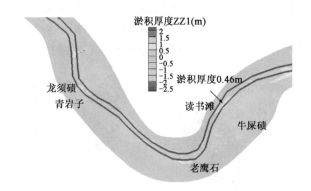

图 4-79　天然情况下青岩子段 30 年航槽内推移质冲淤分布

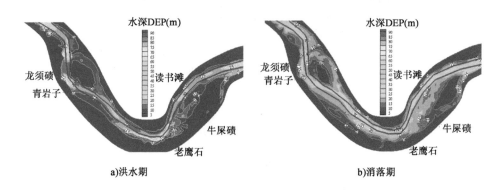

图 4-80　天然情况下数值模拟的青岩子段航槽内水深等深线分布

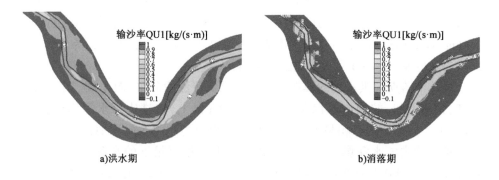

图 4-81　天然情况下青岩子河段消落期航槽内推移质输沙率分布

进一步分析航槽内的推移质输移过程。从图 4-84 可知,洪水期的推移质走沙在青岩子段主要在航槽内;经过老鹰石后,推移质走沙主要为航槽右边界外,航槽内从老鹰石至读书滩推移质走沙较少,在读书滩后走沙回归航槽内,输沙率最大为 $0.23\text{kg}/(\text{s}\cdot\text{m})$。而在消落期,由于该河段靠近常年回水区,因此推移质输沙率偏低,最大仅为 $0.01\text{kg}/(\text{s}\cdot\text{m})$,因此,航槽内的走沙对通航条件影响不明显。

4.7 本章小结

基于三峡库尾推移质输移特性的研究,构建了三峡库尾航道平面二维水沙数学模型。根据 2009—2016 年的实测水沙资料与地形资料,对所构建的航道二维水沙数值模型进行了验证。水流模块的水位验证误差控制在 0.1m 以内,流速误差控制在 12% 以内;泥沙模块方面,通过对三峡库尾重庆至涪陵段冲淤变化的计算值与实测值的对比,推移质输沙率计算误差控制在 12% 以内,泥沙冲淤量计算误差控制在 25% 以内。以上说明该模型能够较为真实反映长河段泥沙冲淤变化过程,验证了该模型在预测三峡库尾航道泥沙冲淤变化局部一定的可靠性。

根据选取的 2008—2017 年长系列水沙代表年水文资料,采用三峡库尾航道平面二维水沙数学模型模拟了天然条件下未来 30 年泥沙冲淤变化过程,并对其间重点河段泥沙冲淤及推移质输移对航槽的影响进行了分析,获得了三峡库尾重庆至涪陵段主要淤积部位及淤积参数,结果见表 4-13。重点河段(广阳坝、大箭滩、洛碛、长寿、青岩子)航槽内泥沙输移淤积的参数见表 4-14。

三峡库尾重庆至涪陵段主要淤积部位及相关参数　　　　　　　表 4-13

位置	长度 (m)	宽度 (m)	最大淤积 厚度(m)	面积 (万 m²)	淤积量 (万 m³)	总淤积量 (万 m³)
黄角滩(651km)	500	206	2.4	4.15	3.94	
笑滩(647km)	942	137	1.29	5.16	1.65	
明月沱(628km)	572	113	1.13	2.07	0.66	
白石墚(608km)	281	134	1.15	1.88	0.61	
下洛碛(600km)	205	107	1.3	1.09	0.71	14.83
小滩嘴(596km)	491	111	1.89	1.91	1.37	
扇沱(590~594km)	691	177	2.01	5.02	4.91	
观音滩(583km)	563	164	1.01	2.77	0.53	
莲子碛(578km)	674	125	1.28	2.31	0.45	

三峡库尾重庆至涪陵段重点河段航槽泥沙淤积参数 表 4-14

航道	位置	最大淤积厚(m)	淤积部位	影响范围	航道里程(km)
广阳坝	飞蛾碛	0.98	航槽右边界	右槽边界20m	637
大箭滩	冷饭碛	0.65	航槽右边界	右边界10m	622
洛碛段	中挡坝	1.12	航槽左边界	左槽边界12m	601
	上洛碛	0.45	航槽左边界	左边界30m	605
长寿段	观音滩	1.01	航槽内	左槽边界97m	582
	扇沱	2.01	航槽内	左边界81m	593
青岩子	读书滩	0.46	航槽内	右槽边界92m	558
	龙须碛	0.36	航槽内	左槽边界101m	566

第5章
三峡变动回水区重点河段
维护治理方案研究

根据三峡水库变动回水区及库尾推移质运动过程、三峡库尾卵砾石沙波群体运动规律,结合历年维护性疏浚情况,分析变动回水区上段重点滩段胡家滩、三角碛、猪儿碛维护方案备淤深度选取及滩段维护时机。目前,变动回水区上段九龙坡至朝天门段经过综合治理,航道维护尺度已提升至 3.5m × 150m × 1000m,重点滩段胡家滩、三角碛、猪儿碛均按照该尺度进行维护。

5.1 胡家滩航道维护方案

5.1.1 滩险概况

胡家滩水道位于上游航道里程 675 ~ 681km,在水道尾部有一滩险——胡家滩。胡家滩位于一急弯河段的上游(航道里程 680km),滩段长 1km 左右。胡家滩右岸为一巨大的卵砾石边滩,名为倒钩碛,边滩上卵砾石中值粒径在 10cm 左右;左岸主要是一些专用码头,岸边有多处石梁。河段江中有一潜碛,最小水深0.8m,将河床分为左右两槽,左槽弯曲狭窄有明暗礁石阻塞。右槽顺直,是主航槽,但水深较浅,在兰巴段航道工程中炸礁至设计水位下 2.7m。胡家滩中洪水时,江面宽度达 1000m 左右,过水面积大,下游又有石梁束窄河床产生壅水,致使滩段流速比降减小。主流经倒钩碛而下,卵砾石输移带偏向右岸,在放宽段淤积,枯水期则出浅碍航。

2010—2011 年,长江航道局在 2010 年蓄水期对胡家滩实施了疏浚,对主航道进行了开挖,疏浚后满足Ⅲ级航道维护标准,保障了 2011 年消落期航道条件满足维护尺度。随后在 2012 年、2013 年、2014 年消落期均对胡家滩进行了观测,分析发现胡家滩主航槽保持相对稳定,航道尺度均满足最小维护尺度。

5.1.2 备淤深度分析

5.1.2.1 疏浚区冲淤变化

2010—2011年,长江航道局对胡家滩碛翅进行了维护性疏浚,设计航宽取50m,设计水深为2.7m,备淤深度0.3m,竣工工程量64500m³。采用第2章中对卵砾石群体运动的分析方法,根据实测地形图分析胡家滩碛翅处历年的河床冲淤变化,如图5-1所示。

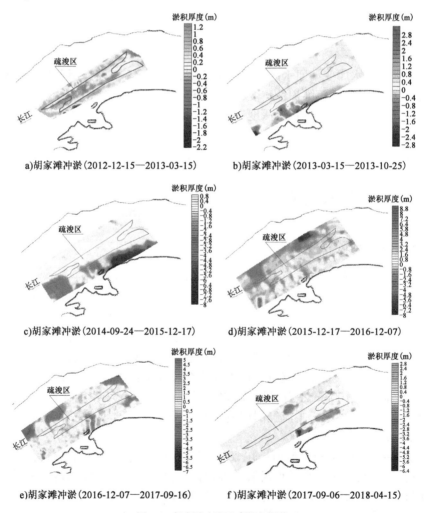

a)胡家滩冲淤(2012-12-15—2013-03-15)   b)胡家滩冲淤(2013-03-15—2013-10-25)

c)胡家滩冲淤(2014-09-24—2015-12-17)   d)胡家滩冲淤(2015-12-17—2016-12-07)

e)胡家滩冲淤(2016-12-07—2017-09-16)   f)胡家滩冲淤(2017-09-06—2018-04-15)

图5-1　胡家滩疏浚区冲淤变化图

从 2012 年 12 月蓄水期到 2013 年 3 月消落期,胡家滩碛翅处河床冲淤变化较为明显,整个冲淤深度大小在 −2.2 ~ 1.1m 之间。

2013 年汛期,根据与汛前地形测图对比可知,在经过了完整的汛期过程进入蓄水初期阶段,胡家滩碛翅处河床表现为有冲有淤。其中,疏浚区主要呈现出淤积状态,最大淤积深度约 1.2m,卵砾石冲淤总量约 21292m³,冲淤平均深度 0.36m。

由 2014 年 9 月和 2015 年 12 月测图对比分析可知,疏浚区河床呈现有冲有淤的形态,局部范围内淤积高度在 0.2m 左右。

由 2015 年 12 月和 2016 年 12 月测图对比分析可知,胡家滩碛翅疏浚区主要呈现出冲刷状态,但疏浚区右侧局部范围有 0.3m 左右的淤积。

2016 年 12 月至 2017 年 9 月,库区经历完整的消落期过程进入到汛期,胡家滩碛翅疏浚区河床地形变化表现为有冲有淤,其冲淤深度范围在 − 0.75 ~ 0.5m 之间。

2017 年 9 月至 2018 年 4 月,库区经过完整的蓄水期过程进入了消落期阶段。胡家滩碛翅疏浚区内河床出现了明显的淤积,大部分区域淤积深度集中在 0.2 ~ 0.6m 之间。整个疏浚区卵砾石冲淤量约 20456m³,冲淤平均深度 0.35m。

结合各时段的地形测图分析总结可知,胡家滩碛翅疏浚区卵砾石冲淤量变化范围在 −30000 ~ 25000m³ 之间,局部最大回淤厚度在 0.3 ~ 0.5m 之间。

5.1.2.2 备淤深度分析

考虑到疏浚区疏浚后可能产生回淤,在设计疏浚水深的基础上,增加一定的备淤深度,一方面为泥沙输移提供通道,另一方面即使发生淤积,也不会影响到航道最小维护尺度。

卵砾石河段疏浚设计采用 0.3 ~ 0.5m 的备淤深度。年度疏浚均布置了挖槽区回淤观测,通过观测成果分析,可以分析疏浚区备淤深度选取是否恰当。现对胡家滩进行分析。

胡家滩水道于 2011 年 1 月下旬施工完成后,有关单位先后组织进行了疏浚区回淤观测,根据对观测成果的分析,疏浚区整体淤积控制在 0.3m 以下,但是在一些局部位置也出现回淤厚度较大的现象。根据维护性疏浚后效果观测测图分析,回淤明显的点基本位于由于开挖造成河床出现"深坑"的局部区域。局部回淤明显的点见表 5-1。由于开挖造成局部区域地形出现深坑,经过水流作用,深坑被填平至河床平均地形。总体而言,疏浚区绝大部分位置回淤控制在 0.3m 以内。通过胡家滩回淤分析,胡家滩维护性疏浚设计备淤深度为 0.3 ~ 0.5m 是合适的。

疏浚区回淤明显区域统计（胡家滩） 表 5-1

序号	回淤厚度（m）	设计底高程	疏浚后地形（m）	与设计高程差值（m）
1	0.3	163.2	163.0	−0.2
2	0.2	163.2	163.1	−0.1
3	0.2	163.2	163.1	−0.1
4	0.3	163.2	163.2	−0.0
5	0.4	163.2	163.0	−0.2
6	0.3	163.3	163.2	−0.1
7	0.2	163.3	163.1	−0.2
8	0.3	163.3	163.2	−0.1
9	0.2	163.3	163.1	−0.2
10	0.3	163.3	163.0	−0.3

5.1.3　维护时机分析

疏浚时机的选择,对于施工进展、工程质量等影响很大。若将维护性疏浚时间安排在碍航较为明显的时期,此时航道尺度本身已经富裕不大,由于施工占据一定的通航水域,工程施工对船舶通航影响较大。同时,船舶通航对工程施工也造成一定影响,施工进度和施工质量均得不到有效保障,施工与通航间矛盾较为突出。

蓄水期水位抬高,航道水深增加,航道宽度有较大增加,因此应利用此有利施工时机,抓紧开展施工。此时,因为航道宽度较大,有较为充分的空间进行航道调整。各滩段具体工期要根据当地施工环境、水位过程、施工机具及开挖量等方面来确定。

胡家滩在三峡水库蓄水期水位抬升 5~15m,目前库区疏浚设备基本能够满足施工水深要求。根据胡家滩实际航道现状情况,胡家滩施工水位在设计水位上 5m,即 171.4m。整理 2010—2019 年胡家滩附近九渡口水尺水位变化情况,绘制九渡口水位过程线,如图 5-2 所示。历年水位变化情况表明,当地水位在 10月至次年 1 月中下旬均能保持在施工水位以上;2 月以后,当地水位已明显低于施工水位,无法满足施工条件。结合当年胡家滩维护性疏浚施工时间及九渡口水位过程线,胡家滩施工安排在上年度蓄水期至次年消落期水位较高时间段,以10 月至次年 1 月中下旬为宜。

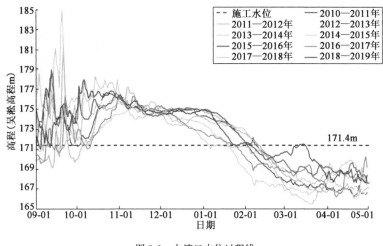

图5-2　九渡口水位过程线

5.2　三角碛航道维护方案

5.2.1　滩险概况

根据第2章的卵砾石群体沙波运动分析可知,三角碛水道航道弯曲,三角碛江心洲将河道分为左右两槽。右槽为主航道,为川江著名枯水期弯窄浅滩,航道弯曲狭窄,九龙滩水位3m以下最为突出,设有三角碛通行控制河段,三角碛碛翅有斜流,碛尾有旺水,左岸龙凤溪以下有反击水。枯水期右岸鸡心碛暗翅伸出,与左岸芭蕉滩之间航槽浅窄、流急。

在天然情况下,受三角碛下游200m处大石梁的作用,九堆子滩面也出现缓流区,右岸边滩出现回流,在回流和缓流区出现泥沙淤积,汛末水位下降由于右汊河床高程较高,加之上游千金岩石梁和九堆子碛坝等的阻水作用,主流又复归左汊枯水河槽,回流逐渐减弱,大梁的顶托作用亦逐渐减弱,将九龙坡和滩子口一带汛期淤积的悬沙冲刷。因此,九龙坡河段泥沙淤积和走沙的主要原因可归结为水位涨落,主流摆动及回流的影响,形成退水冲沙。但三角碛右槽淤积的卵砾石常得不到有效冲刷,枯水期易形成碍航浅区,需靠疏浚维护航深。

5.2.2 备淤深度分析

5.2.2.1 疏浚区冲淤变化

根据第 2 章库尾卵砾石群体沙波运动分析方法,对 2012 年消落期疏浚后冲淤变化进行了进一步分析。2011—2012 年对三角碛碛翅浅区进行了维护性疏浚,设计航宽取 50m,设计水深为 2.7m,备淤深度 0.3m,竣工工程量 63950m³。疏浚完工后,2012 年 3～5 月,三角碛碛翅疏浚区呈现出两端淤积、中部区域冲刷的现象,冲淤深度变化范围在 -0.7～2.2m 之间。整个疏浚区域卵砾石冲淤量约 7269m³,平均淤积厚度约 0.35m(图 5-3)。

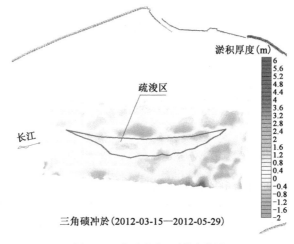

图 5-3 三角碛疏浚区冲淤变化图

结合第 2 章中对三角碛 2015—2017 年的疏浚区卵砾石沙波运动分析的结论可知,三角碛碛翅两次疏浚后疏浚区内未出现大面积的冲刷或淤积现象,各时段内淤积深度在 0.3m 左右。

5.2.2.2 备淤深度分析

三角碛水道于 2012 年 2 月、2015 年 2 月两次施工完成后,根据前述疏浚区观测成果分析,整体淤积控制在 0.3m 以下,虽局部位置出现回淤厚度较大的现象,但回淤明显的点基本位于由于开挖造成河床出现"深坑"的局部区域,局部回淤明显的点见表 5-2、表 5-3。结合第 2 章卵砾石群体沙波运动的结论,2011—2012 年、2014—2015 年维护性疏浚工程区域绝大部分位置回淤控制在 0.3m 以内。通过三角碛回淤分析得出,三角碛维护性疏浚设计备淤深度取 0.3～0.5m 是合适的。

疏浚区回淤明显区域统计(三角碛 2011—2012 年疏浚后) 表 5-2

序号	回淤厚度(m)	设计底高程	疏浚后地形(m)	与设计高程差值(m)
1	0.3	163.2	163.0	-0.2
2	0.3	163.2	163.1	-0.1
3	0.2	163.2	163.1	-0.1
4	0.3	163.2	163.2	-0.0
5	0.3	163.2	163.0	-0.2
6	0.2	163.3	163.2	-0.1
7	0.3	163.3	163.1	-0.2
8	0.1	163.3	163.2	-0.1
9	0.2	163.3	163.1	-0.2
10	0.3	163.3	163.0	-0.3

疏浚区回淤明显区域统计(三角碛 2014—2015 年疏浚后) 表 5-3

序号	回淤厚度(m)	设计底高程	疏浚后地形(m)	与设计高程差值(m)
1	0.3	160.1	159.9	-0.2
2	0.2	160.1	159.8	-0.3
3	0.2	160.1	160.0	-0.1
4	0.3	160.1	159.7	-0.4
5	0.2	160.1	159.9	-0.2
6	0.2	160.0	160.0	-0.0
7	0.3	160.0	159.8	-0.2
8	0.2	160.0	159.7	-0.3
9	0.2	160.0	159.8	-0.2
10	0.3	160.0	159.6	-0.4

5.2.3 维护时机分析

根据三角碛航道现状及周边环境,三角碛施工水位定在设计水位上 5m,即 168.7m,结合 2010—2019 年三角碛附近九龙滩水尺水位变化情况,绘制九龙滩水位过程线,如图 5-4 所示。历年水位变化情况表明,当地水位在 9 月中旬至次年 2 月中旬均能保持在施工水位以上,2 月中旬以后当地水位低于施工水位,已无法满足施工条件,结合当年三角碛维护性疏浚施工时间及九龙滩水位过程线,三角碛施工安排在蓄水期至次年消落期水位较高时间段,以 10 月至次年 2 月为宜。

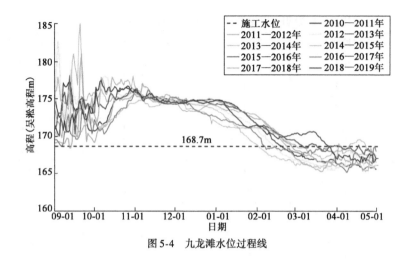

图 5-4　九龙滩水位过程线

5.3　猪儿碛航道维护方案

5.3.1　滩险概况

猪儿碛水道(上游里程 660.0 ~ 667.0km)主要有猪儿碛(上游里程 661.2km)和月亮碛(上游里程 660.0km)两淤沙浅滩。猪儿碛紧接月亮碛上游,为江中卵砾石潜碛,猪儿碛与老鹳碛对峙,两碛坝中间为上下深槽过渡段,为枯水主航槽,以往个别年份曾出浅碍航,需通过疏浚措施予以维护,近年来航槽趋于稳定,可满足航道通航尺度要求。三峡工程蓄水运行后,在水库壅水与嘉陵江大水顶托的双重影响下,由于泥沙逐年累积性淤积,需经 20 多天的冲刷走沙,水流才能相对集中和归顺。由于坝前水位消落较快,泥沙冲刷不及时,常造成出浅碍航。

猪儿碛水道在三峡水库 175m 试验性蓄水后,枯水期水位抬高,流速减缓,比降减小,航宽增加,航道条件有所改善,但是鸡翅膀与猪儿碛碛脑之间的航道仍然存在窄、浅的局面。但考虑到猪儿碛受蓄水影响,消落期航道条件可能有所改善,加上猪儿碛河段施工环境限制,因此,在 2010—2018 年间并未对该滩段进行维护性疏浚,仅在 2011—2015 年间消落期时段实施守槽维护,保障航道畅通。

5.3.2　备淤深度分析

5.3.2.1　主航槽冲淤变化

采用第 2 章中三峡库尾卵砾石群体沙波运动分析方法,考虑 2010—2018 年间未对猪儿碛滩段实施维护性疏浚,因而选择猪儿碛脑与鸡翅膀间的主航槽区域作为研究对象,分析其河床冲淤变化(图5-5)。

2014年1月至2014年5月,库区刚好经过了完整的消落期过程。由两个时段的测图对比分析可知,猪儿碛河床呈现有冲有淤的现象,大部分区域冲淤深度在−0.2~0.3m间。

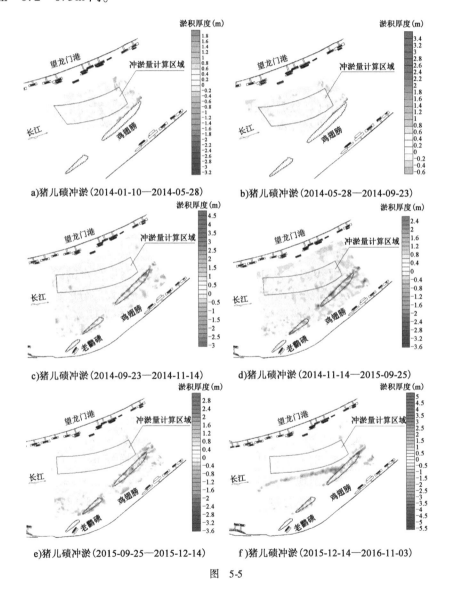

a)猪儿碛冲淤(2014-01-10—2014-05-28)

b)猪儿碛冲淤(2014-05-28—2014-09-23)

c)猪儿碛冲淤(2014-09-23—2014-11-14)

d)猪儿碛冲淤(2014-11-14—2015-09-25)

e)猪儿碛冲淤(2015-09-25—2015-12-14)

f)猪儿碛冲淤(2015-12-14—2016-11-03)

图 5-5

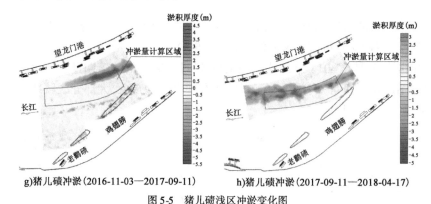

g)猪儿碛冲淤(2016-11-03—2017-09-11) h)猪儿碛冲淤(2017-09-11—2018-04-17)

图5-5 猪儿碛浅区冲淤变化图

2014年5月至2014年9月,库区经过了汛期进入蓄水阶段初期。由两个时段的测图对比分析可知,猪儿碛河床整体表现为有冲有淤,大部分区域冲淤深度在 $-0.2 \sim 0.2m$ 之间。

由2014年9月和2014年11月两个时段的测图对比分析可知,猪儿碛河床整体表现为有冲有淤,大部分区域冲淤深度在 $-0.25 \sim 0.25m$ 间。

由2014年11月至2015年9月两个时段的测图对比分析可知,猪儿碛河床地形变化整体表现为以冲刷为主,大部分区域冲刷深度在 $0.2m$ 左右,局部区域出现零星淤积,淤积厚度在 $0.2m$ 左右。

由2015年9月底至2015年12月时段内,库区处于逐步蓄水的阶段。对比分析可知,该年蓄水期间猪儿碛河床整体表现为有冲有淤,大部分区域冲淤深度在 $-0.2 \sim 0.2m$ 之间,鸡翅膀附近区域河床冲淤变化相对较为明显。

由2015年12月至2016年11月两个时段的测图对比分析可知,猪儿碛河床整体表现以淤积为主,大部分区域淤积深度在 $0 \sim 0.25m$ 之间,邻近右岸一侧淤积更为明显,仅局部区域河床出现零星冲刷现象。

由2016年11月至2017年9月两个时段的测图对比分析可知,汛期末猪儿碛河床大范围表现以淤积为主,因航道整治工程施工影响,邻近左岸望龙门港港池区域处河床发生大面积河床下切。

由2017年9月和2018年4月两个时段的测图对比分析可知,猪儿碛碛翅处河床出现大范围的冲刷现象,局部区域出现少量淤积。

结合各时段的地形测图分析总结可知,猪儿碛浅区内冲淤平均深度变化范围在 $-0.3 \sim 0.15m$ 之间。

5.3.2.2 备淤深度分析

根据上节各年河床冲淤情况分析结果,猪儿碛滩段主航槽区域相近两个测次间河床基本保持冲淤平衡,河床局部淤积厚度普遍在 0.25~0.3m 之间。根据第 2 章所得的三峡库尾卵砾石群体沙波运动的规律可知,猪儿碛主航槽绝大部分位置回淤控制在 0.3m 以下,猪儿碛滩段疏浚设计备淤深度取 0.3~0.5m 是合适的。

5.3.3 维护时机分析

猪儿碛在三峡水库蓄水期水位抬升 5~15m,根据猪儿碛航道现状及周边环境,结合长江上游九龙坡至朝天门河段航道建设工程实施情况,猪儿碛施工水位为设计水位上 7m,即 168.0m,结合 2010—2019 年猪儿碛对应水尺羊角滩水位变化情况,绘制羊角滩水位过程线,如图 5-6 所示。历年水位变化情况表明,当地水位在 10 月至次年 2 月中旬均能保持在施工水位以上,结合九朝段猪儿碛施工时间及羊角滩水位过程线,猪儿碛施工安排在蓄水期至次年消落期水位较高时间段,以 10 月至次年 2 月为宜。

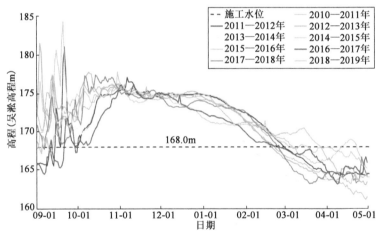

图 5-6 羊角滩水位过程线

5.4 广阳坝航道整治方案

5.4.1 碍航特性

广阳坝—长叶碛水道位于长江上游航道里程 631~641km,属于变动回水区涪陵至朝天门河段的上段。该河段系典型的山区河流,大小礁石随处可见,地形和水流条件十分复杂,航道具有"弯、浅、险、窄、急"等复合碍航特征。通过航道核查,4.5m×150m×1000m标准下该河段内存在多处碍航滩险需整治。

5.4.2 治理思路及模型试验研究

5.4.2.1 治理思路

根据广阳岛河段的河势条件与航道滩险碍航情况,结合该段输沙带模型试验结论,确定采用两种思路(图5-7)对广阳坝—长叶碛连续滩险进行治理:一是飞蛾碛航槽偏右 + 长叶碛航槽偏右;二是飞蛾碛航槽偏左 + 长叶碛航槽偏右。

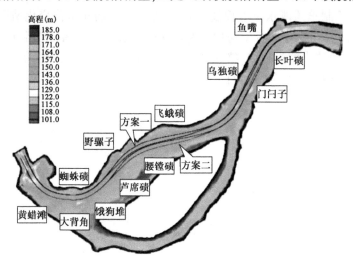

图5-7 物理模型最初的两种航槽规划思路

根据两种治理思路,在物理模型阶段分别布置了整治方案对其进行论证。在物理模型中,对两个大的思路各自进行优化调整:

思路一:通过15次修改调整试验得出其较为合理的规划航槽、挖槽和整治建筑物的组合布置,形成最终的推荐方案。

思路二:通过规划航槽、挖槽和整治建筑物的组合布置共计10次比较试验,试验结果表明,受福平背及其下游河势的影响,消落期中枯水期福平背末端开始存在大尺度的立轴漩涡,向下发展过程中扩散至飞蛾碛,对船舶航行安全极为不利,船舶航线应避开此区域,因此沿飞蛾碛碛翅右侧布置航线航道治理思路难度较大。综上,在对两种思路进行比较的基础上,选择飞蛾碛航槽靠左的布置思路开展工程方案的布置与研究。

5.4.2.2 模型试验研究

1)方案一:飞蛾碛航槽偏右 + 长叶碛航槽偏左方案

广阳坝入口弯道左岸半截梁、蜘蛛碛以及礁石子流态改善不明显,船舶上滩困难。广阳坝段入口段的整治方案为:开挖上段左岸半截梁至蜘蛛碛碛翅一带至礁石子,开挖深度至设计水位下6m;减小右岸猪儿石、芦席碛和福平背开挖范围,但开挖深度增大至设计水位下6m。将规划航槽内的飞蛾碛碛翅开挖至设计水位下4.7m,在腰膛碛建1座岛尾坝,在飞蛾碛对岸的虎扒子、麻二梁处各建1座勾头丁坝,岛尾坝长400m,虎扒子丁坝长286m,麻二梁丁坝长204m,坝顶高程为设计水位上3.5m。广阳坝河段方案平面布置图如图5-8所示。

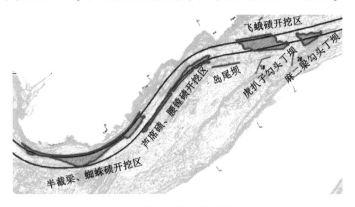

图5-8 广阳坝河段方案平面布置图

长叶碛设计规划航槽偏向左岸,上段靠近水葬突嘴,经长叶碛弯道而下,沿河心达海坝碛碛翅偏左而下,经民典石,通过鱼嘴长江大桥。设计规划航槽宽度为150m,最小弯曲半径1000m。设计规划航槽偏向左岸,上段对规划航槽内不满足设计水深要求的水葬、长叶碛碛翅浅区部位进行开挖,开挖基线沿航槽布置,水葬、长叶碛控制基线长度为790m、760m,疏浚水深4.7m,最大疏浚宽度115m。长叶碛工程方案平面布置图如图5-9所示。

（1）航道尺度。

方案实施后,广阳坝河段的航道尺度得到大幅提升。从图5-10的统计结果来看,在广阳坝进口段,满足4.5m水深的河宽在236m以上,较方案前最大增加156m;飞蛾碛段河宽变化与方案二基本一致,满足4.5m水深的河宽在255m以上,较方案前最大增加151m;长叶碛河段疏浚段河宽变化与方案二基本一致,满足4.5m水深的河宽在310m以上,较方案前最大增加约138m。

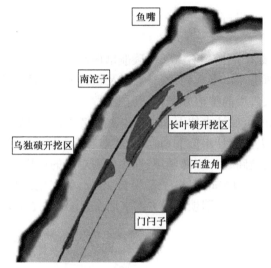

图 5-9　长叶碛工程方案平面布置图

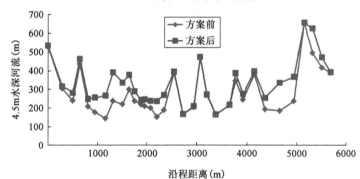

a)方案实施后广阳坝水道满足4.5m水深河道宽度变化

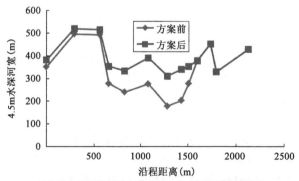

b)方案实施后长叶碛水道满足4.5m水深河道宽度变化

图 5-10　方案实施后广阳坝水道、长叶碛水道满足 4.5m 水深河道宽度变化

（2）船舶通航水力指标分析。

图5-11统计了$Q = 4500\text{m}^3/\text{s}$方案实施后设计水位航槽内最大流速与比降组合及其与5000吨级上滩指标的对比情况。广阳坝左槽进口礁石子段规划航槽最大比降为$1.11‰$，最大流速约为3.53m/s，航槽全断面水力指标大于上滩临界指标。设计水位下飞蛾碛航槽最大流速基本在2.5m/s以下，流速分布更加均匀，满足5000吨级船舶自航上滩的要求。长叶碛方案后航槽拓宽，比降减小，最大比降约为$0.28‰$，航槽最大流速在2.5m/s以下，满足5000吨级船舶自航上滩要求。

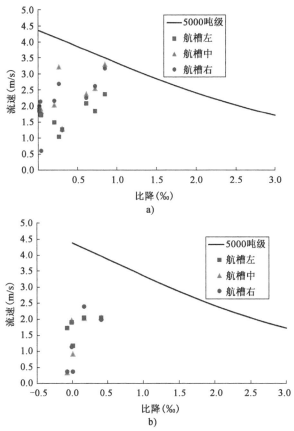

图5-11　方案实施后设计水位航槽内最大流速与比降组合及其
与5000吨级上滩指标对比情况（$Q = 4500\text{m}^3/\text{s}$）

图5-12统计了$Q = 9350\text{m}^3/\text{s}$时沿程的比降、流速组合对比情况。由图5-12可知，随着流量的增加，上游广阳坝进口河段的比降减小，最大比降仅有约$0.48‰$；规划航槽内流速与设计水位时相比略有减小，该比降组合基本满足

5000吨级船舶自航上滩的要求。飞蛾碛处随着流量的增加,相比于设计水位时比降变化不大,规划航槽的流速有所增加。其中,规划航槽内的局部最大流速超过3m/s。总体上看,规划航槽满足5000吨级船舶自航上滩的要求。长叶碛河段规划航槽的流速较设计水位时有所降低,比降也有所减少,满足5000吨级船舶自航上滩的要求。

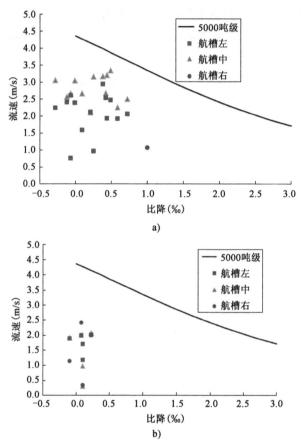

图5-12 方案实施后广阳岛至飞蛾碛规划航槽沿程比降、
流速组合对比情况($Q=9350\mathrm{m}^3/\mathrm{s}$)

从图5-13可知,$Q=13500\mathrm{m}^3/\mathrm{s}$条件下广阳坝进口段比降流速较整治流量和设计水位大幅降低,尽管礁石子河段规划航槽内的沿程最大流速也在3m/s左右,但5000吨级船舶自航上滩的要求也能够满足。飞蛾碛比降随流量增加而增大,规划航槽流速增加,在飞蛾碛进口段挖槽区航槽左半侧最大流速超过3m/s,但因比降不大,总体看可以满足5000吨级船舶自航上滩的要求。长叶碛比降随着流量的增加而有所降低,规划航槽内流速最大约为2.87m/s,最大比降在0.09‰左右,满足5000吨级船舶的上滩指标。

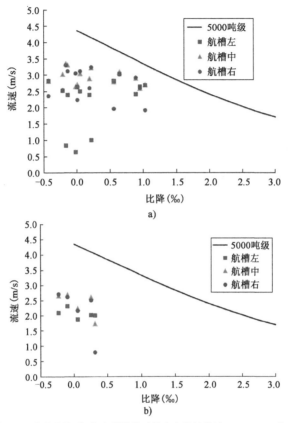

图5-13　方案实施后,长叶碛沿程通航水力指标统计($Q=13500\text{m}^3/\text{s}$)

（3）流向与流态分析。

蜘蛛碛开挖区:因左岸开挖区扩大,设计水位下开挖区域内流速大小适宜,流态平顺,航行条件好,规划航槽左移,在各流量阶段航槽范围内避开了原右侧区域的斜流、泡漩等不良流态,且流速大小与比降适宜,故航行条件较好。

礁石子—野土地:方案实施前,设计水位至整治水位航槽内流态平顺,但水流集中,流速过大,普遍在3.3m/s以上,5000吨级船舶满载时航行难度较大,适航区域在规划航槽左边缘外。方案左岸开挖区扩大较多,左岸可通航水域增加,航槽内水流平顺,且流速、比降均减缓,上游蜘蛛碛开挖后现行航线与规划航槽大幅左移,解决了原航槽集中流速过大与右侧斜流问题。

飞蛾碛:方案实施后,飞蛾碛河段流态效果同方案二基本一致。在设计水位时,飞蛾碛航槽流速不大,但开挖区上段进口水流向岸,与航槽走向夹角在15°左右。随着流量的增加,水流趋直,与航槽走向基本一致,但流速增大,至整治水位以上流量时,飞蛾碛开挖区的上部区域规划航槽中偏左流速在3m/s左右,增大了船舶上行难度。与方案二一致,方案实施后,福平背以下沿程较强的立轴漩涡流态有所改善,方案实施后立轴漩涡影响范围缩小,航槽内船舶受其影响较小。但修筑的岛尾坝和丁顺坝破坏现有习惯航线,缩窄了可供航行的区域。

长叶碛:方案实施后,流态整体效果同方案二。枯水期水流从边滩向航槽集中,规划航槽内水流与航槽走向夹角较大,设计水位时达到39°,流速普遍在2.2m/s左右;至整治水位时,斜流角度减小至25°左右,但流速有所加大,对船舶航行不利。在6m水位以上,主流向右偏移,水流向与规划航槽走向夹角有所减小,船舶通航条件得到一定的改善。

2)方案二:飞蛾碛航槽偏左+长叶碛航槽偏右

为了降低礁石子河段上行船舶的航行难度,广阳坝中上段半截梁至野土地整治方案与模型方案相同,开挖航槽至6m水深扩大有效过水断面;下游段飞蛾碛为了保留上行船舶习惯航线,增大船舶可航行区域,取消了筑坝工程,即取消腰膛碛岛尾坝、虎扒子和麻二梁的丁坝,并增大了飞蛾碛开挖范围。因此,拟将飞蛾碛江心孤立的碛坝全部开挖至设计水位以下6m,通过疏浚飞蛾碛碛翅,船舶航线适当向左偏移,可有效扩大现行船舶适航区域。

长叶碛河段则适当在方案的基础上将门闩子—乌独碛航槽向河心偏移,使其沿水深较大方向。由此,可大幅减少乌独碛的疏浚范围量。为减小江心孤礁对船舶航行的影响,对门闩子炸礁至6m水深;长叶碛疏浚区基本保持不变,仅去除右侧规划航槽边缘以外区域。

图5-14为广阳坝整治方案平面布置图,图5-15为长叶碛整治方案平面布置图。

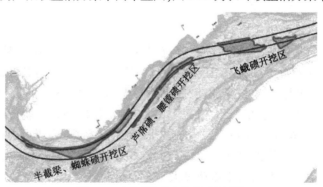

图5-14　广阳坝整治方案平面布置图

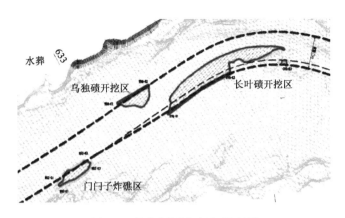

图 5-15 长叶碛整治方案平面布置图

（1）航道尺度变化分析。

方案实施后，广阳坝河段的航道尺度得到明显改善。从图 5-16 的统计结果来看，在广阳坝进口段，满足 4.5m 水深的河宽在 232m 以上，较方案实施前最大增加 149m；在飞蛾碛段，满足 4.5m 水深的河宽在 346m 以上，较方案实施前最大增加 182m；长叶碛河段疏浚段河宽变化与方案基本一致，满足 4.5m 水深的河宽较方案实施前提升至 239m 以上，最大增加 109m。总体看，方案实施后，全河段弯曲半径增加至 1000m 以上，满足 4.5m 航道的建设要求。

（2）船舶通航水力指标分析。

图 5-17 统计了 $Q = 4500 \text{m}^3/\text{s}$ 方案实施后设计水位时航槽内的最大流速与比降组合及其与 5000 吨级上滩指标的对比情况。在方案实施后，广阳坝段规划航槽上最大比降约为 0.89‰，最大流速约为 3.26m/s，通航水力指标满足 5000 吨级船舶自航上滩的要求。飞蛾碛航槽最大比降约为 0.51‰，最大流速基本在 2m/s 以下，流速分布更加均匀，满足 5000 吨级船舶自航上滩的要求。长叶碛河段在方案后最大比降约为 0.42‰，航槽最大流速基本降低到 2m/s 以下，航槽内斜流减弱，满足 5000 吨级船舶自航上滩的要求。

图 5-18 统计了 $Q = 9350 \text{m}^3/\text{s}$ 时沿程的比降、流速组合对比情况。广阳坝河段最大比降与流速组合为 0.46‰、3.31m/s，满足 5000 吨级船舶自航上滩的要求。随着流量增加，飞蛾碛相比于设计水位时比降变化不大，规划航槽的流速有所增加，局部最大流速比降组合为 2.8m/s、0.46‰，满足 5000 吨级船舶自航上滩的要求。长叶碛河段规划航槽的流速、比降有所减少，局部最大流速比降组合约 2.03m/s、0.26‰，满足 5000 吨级船舶自航上滩的要求。

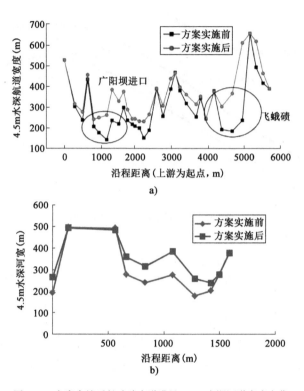

图 5-16　方案实施后长叶碛水道满足 4.5m 水深河道宽度变化

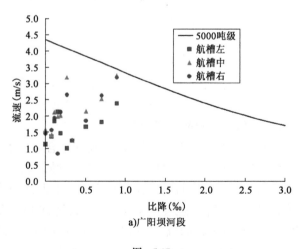

a)广阳坝河段

图　5-17

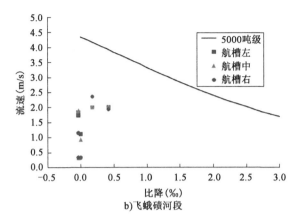

b)飞蛾碛河段

图5-17　方案实施后广阳坝—飞蛾碛河段规划航槽通航水力指标统计($Q = 4500\mathrm{m^3/s}$)

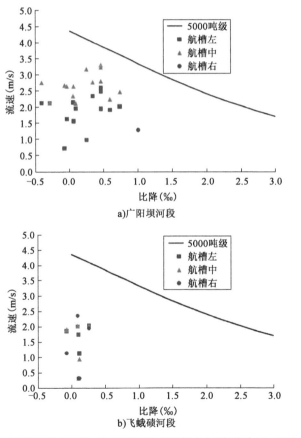

a)广阳坝河段

b)飞蛾碛河段

图5-18　方案实施后广阳坝—飞蛾碛规划航槽通航水力指标统计($Q = 9350\mathrm{m^3/s}$)

图 5-19 统计了, $Q = 13500\mathrm{m}^3/\mathrm{s}$ 条件下, 广阳坝进口段比降、流速较整治流量和设计水位降低。礁石子河段至腰膛碛规划航槽内的沿程流速在 3m/s 左右, 但比降减小, 最大组合为 $(2.92 + 0.87‰)\mathrm{m/s}$, 满足 5000 吨级船舶自航上滩的要求。随流量增加比降增大, 飞蛾碛规划航槽流速增加, 在飞蛾碛进口段挖槽区航槽左半侧最大流速超过 3m/s, 但比降不大, 最大组合为 $(3.02 + 0.37‰)\mathrm{m/s}$, 满足 5000 吨级船舶自航上滩的要求。随着流量的增加, 长叶碛规划航槽内流速增加, 最大约为 2.87m/s, 比降随流量的增加有所降低。最大组合为 $(2.63 + 0.24‰)\mathrm{m/s}$, 满足 5000 吨级船舶的上滩指标。

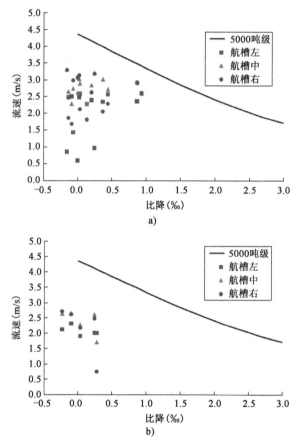

图 5-19 方案长叶碛沿程通航水力指标统计($Q = 13500\mathrm{m}^3/\mathrm{s}$)

（3）流向与流态分析。

①蜘蛛碛开挖区（图 5-20）：同方案基本一致, 因左岸开挖区扩大, 设计水位下开挖区域内流速大小适宜, 流态平顺, 航行条件好, 规划航槽左移, 在各流量阶

段航槽范围内避开了原右侧区域的斜流、泡漩等不良流态,且流速大小与比降适宜,故航行条件较好。

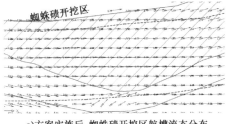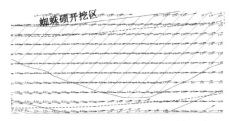

a)方案实施后,蜘蛛碛开挖区航槽流态分布
(Q=4500m³/s)

b)方案实施后,蜘蛛碛开挖区航槽流态分布
(Q=9350m³/s)

图5-20　方案实施后,蜘蛛碛开挖区航槽流态分布

②礁石子—野土地(图5-21):方案实施前设计水位至整治水位航槽内流态平顺,但水流集中,流速过大,普遍在3.3m/s以上,5000吨级船舶满载时航行难度较大,适航区域在规划航左边缘外。方案实施后,左岸开挖区扩大较多,左岸可通航水域增加,航槽内水流平顺,且流速、比降均减缓,上游蜘蛛碛开挖后现行航线与规划航槽大幅左移,解决了原航槽集中流速过大与右侧斜流的问题。

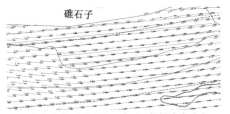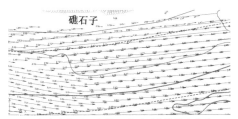

a)方案实施后野土地—礁石子航槽流态分布
(Q=4500m³/s)

b)方案实施后野土地—礁石子航槽流态分布
(Q=4500m³/s)

图5-21　方案实施后,礁石子—野土地航槽流态分布

③飞蛾碛(图5-22):在设计水位时,飞蛾碛航槽流速不大,开挖区上段进口水流向岸,与航槽走向夹角在15°左右。随着流量的增加,水流趋直,与航槽走向基本一致,但流速增大,至整治水位以上流量时,规划航槽中偏左流速在3m/s以下,比降适宜,同时取消方案二的岛尾坝、丁坝,船舶可通航区以及停船等候区域较大,充分改善了该段航行条件。

④长叶碛:方案实施后,门闩子炸礁区流态较好;长叶碛枯水期水流从边滩向航槽集中,规划航槽内水流与航槽走向夹角较大,设计水位时弯顶处约38°,流速普遍在2m/s左右;至整治水位时斜流角度减小至23°左右,但流速有所加

大;在6m水位以上,主流向右偏移,水流向与规划航槽走向夹角有所减小。总体看,上游乌独碛左岸开挖和长叶碛边滩开挖后,该河段船舶可通航水域扩大较多,且流速比降小,航槽布置在中部水深较大区域,通航条件得到较大程度的改善。图5-23、图5-24分别为方案实施后,长叶碛段断面流速对比和长叶碛流速流向分布图。

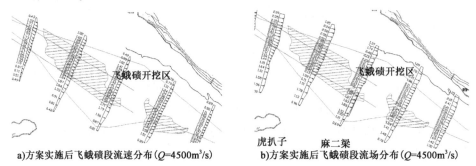

a)方案实施后飞蛾碛段流速分布(Q=4500m³/s)   b)方案实施后飞蛾碛段流场分布(Q=4500m³/s)

图5-22   方案实施后,飞蛾碛流场分布

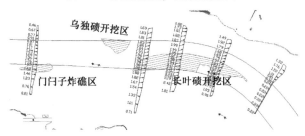

图5-23   方案实施后,长叶碛段断面流速对比(Q=4500m³/s)

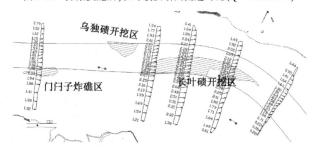

图5-24   方案实施后,长叶碛流速流向分布图(Q=9350m³/s)

3)方案比选

通过广阳坝水道物理模型试验内开展多个组合方案的中间过程研究,并最终对2个较为成熟的方案航道尺度与通航条件进行详细研究论证。根据试验研究结果,从技术角度对2个方案进行综合比选。对通航条件进行比较,广阳坝至

腰膛碛河段,方案一、方案二通航条件均有所改善。其中方案二效果较好,基本上可以解决蜘蛛碛至野土地的航槽流速大、船舶可通航区域狭窄、自航上滩困难等问题。综合各级水位情况来看,方案二优于方案一。方案一仅通过对长叶碛面疏浚4.7m水深,形成新的航槽狭窄,在消落期流量较小时满足通航条件,不能兼顾不同时期因滩面流速变化需要的航区改变、船舶避让复杂流态以及停让等候等需求。长叶碛河段2个方案均能满足本次航道建设标准与船舶通航要求。从船舶航行条件来看,方案二充分遵循了水深大、船舶习惯航线等原则,优于方案一。

5.4.3 推荐方案

广阳坝中上段半截梁至野土地整治方案为开挖航槽至6m水深扩大有效过水断面;下段飞蛾碛为了保留上行船舶习惯航线,增大船舶可航行区域,取消了筑坝工程,即取消腰膛碛岛尾坝、虎扒子和麻二梁的丁坝,并增大飞蛾碛开挖范围,拟将飞蛾碛江心孤立的碛坝全部开挖至设计水位以下6m,通过疏浚飞蛾碛碛翅,船舶航线适当向左偏移,可有效扩大现行船舶适航区域。长叶碛河段则适当将门闩子至乌独碛航槽向河心偏移,使其沿水深较大方向。因此,可大幅减少乌独碛的疏浚范围量。为减小江心孤礁对船舶航行的影响,同时对门闩子炸礁至6m水深;长叶碛疏浚区基本保持不变,仅去除右侧规划航槽边缘以外区域。推荐方案广阳坝、长叶碛整治方案平面布置图如图5-25、图5-26所示。

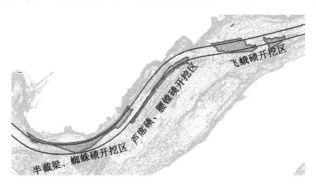

图5-25 推荐方案广阳坝整治方案平面布置图

5.4.4 方案后泥沙回淤研究

2008—2017年10年间,2008—2010年间输沙水平较高,其中2008年洪峰流量小、年径流量大、洪水持续时间周期较长;2009年与此类似,其径流量稍小,但洪峰流量大、输移率大;且 2008—2009 年三峡还处于 175m 试验性蓄水位,坝前高水位时间短,消落快,对卵砾石推移质的输沙影响相对较小。

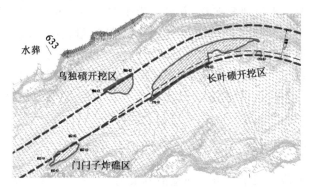

图 5-26　推荐方案长叶碛整治方案平面布置图

三峡 175m 试验性蓄水以来寸滩水文站年径流量及卵砾石推移质变化过程见图 5-27。

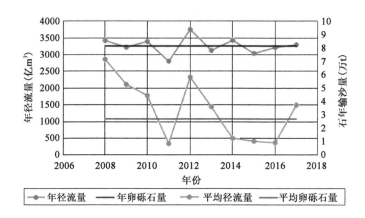

图 5-27　三峡 175m 试验性蓄水以来寸滩水文站年径流量及卵砾石推移质变化过程

2010 年,年径流量和洪峰流量均较大,但洪水周期相对较短,且三峡蓄水至 175m,坝前维持高水位期的时间较 2008—2009 年长,对卵砾石推移质的输移造成了一定影响。综合来看,尽管 2008—2010 年水量和卵砾石推移量水平较高,但是不具备普遍的代表性,因此不宜作为典型的年份进行动床模型试验。

动床模型经过 2011—2013 年的水文年过程自然冲淤演变,经详细测量分析获得了整治方案实施后航槽与疏浚区冲淤特征。

1）广阳坝段冲淤变化

图5-28统计了广阳坝至飞蛾碛河段的平面冲淤变化。由图可知，方案实施后，经过系列年水沙过程的自然演变，航槽及疏浚区总体冲淤变化不大，一般冲淤在±0.5m以下。

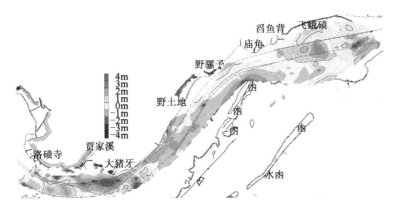

图5-28 推荐方案广阳坝河段动床冲淤变化平面分布图

半截梁疏浚区冲淤变化幅度较小，基本在±1m以内，其外侧主航槽呈淤积趋势，多数淤积厚度在1~2m之间；对于航槽边缘及其疏浚区，可能影响长期整治效果；局部水深较大区域淤积厚度达到2.5m，但这部分区域航道水深基本在10m以上，对通航影响较小。蜘蛛碛疏浚区范围较大，基本涵盖整个航槽，左岸疏浚区域整体冲淤变化不大，局部区域呈微冲态势；航槽右侧因流速降低有所淤积，厚度基本在0.5m以下。大猪牙—野土地左岸疏浚区河床较为稳定，冲淤变化基本上在±0.5m以内；大猪牙主河槽有所冲刷，最大深度在1.5m左右，航槽右侧外最大冲刷深度可达3m；大猪牙下游右岸恶狗堆300m范围内河槽呈淤积趋势，普遍在1.5m以下，局部最大淤积厚度2.5m。野土地以下航槽冲淤变化幅度不大，除野骡子前沿航槽左侧深槽淤积较明显外，其余河段无明显累积性淤积。

飞蛾碛总体呈淤积态势。上疏浚区除尾部呈微冲（1m以下），其余区域均有所淤积，一般淤积厚度在0.5m以下，疏浚区中部偏左存在长120m×宽80m左右的区域淤积，其厚度在1~2m之间。飞蛾碛下疏浚区的中段微冲，尾部淤积；航槽一般淤积厚度在0.5~1m之间，尾部碛翅边缘推移质泥沙堆积较多，局部淤积厚度在2m左右，但航槽内范围较小。飞蛾碛河段断面冲淤变化图见图5-29。

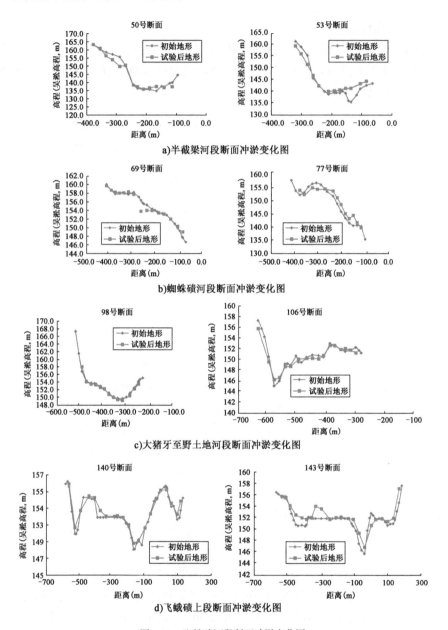

a)半截梁河段断面冲淤变化图

b)蜘蛛碛河段断面冲淤变化图

c)大猪牙至野土地河段断面冲淤变化图

d)飞蛾碛上段断面冲淤变化图

图5-29 飞蛾碛河段断面冲淤变化图

2)长叶碛段

动床模型试验结果表明,长叶碛河段整治后航槽稳定性较好,规律同推移质输沙特性试验结果较为相似(图5-30)。

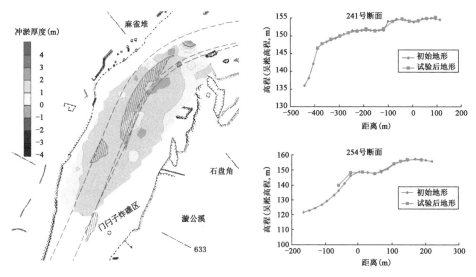

图 5-30　长叶碛整治方案后航道冲淤变化对比图

长叶碛疏浚区与航槽普遍冲淤变化幅度小于 ±0.5m,仅在长叶碛弯顶位置呈泥沙的普遍淤积,多数淤积区厚度在 0.5m 左右,仅深槽边缘碛翅范围较小区域最大淤积厚度达到 2.5m。

3)回淤量统计分析

对工程方案蜘蛛碛、飞蛾碛、长叶碛三个区段疏浚区的卵砾石推移质回淤量进行统计。半截梁、蜘蛛碛、野土地河段疏浚区回淤量约为 8.33 万 m³,飞蛾碛疏浚区回淤量约为 2.33 万 m³,长叶碛疏浚区回淤量约为 0.32 万 m³,全河段疏浚区总淤积量约为 10.98 万 m³;如果去除冲刷量 5.46 万 m³,净回淤量约为 5.52 万 m³,总体看回淤量不大。

5.5　洛碛航道整治方案

5.5.1　碍航特性

洛碛河段位于洛碛水道,包含上下洛碛,紧邻洛碛镇(图 5-31)。受上游南屏坝及其左侧纵卧河心的黄果珠、黄果梁、白鹤梁等的挤压,主流贴左岸而下;左岸上黔滩礁石突嘴挑流强劲,主流由左穿越南屏坝岛尾过渡到下游的右岸,虽南屏坝中下段的左缘存在大背龙、麻儿角等礁石挑流,但由于其位于相对较缓的水域,挑流作用弱于上黔滩突嘴。受上黔滩突嘴挑流作用的影响,其下存在高大的上洛碛边滩,当高水期水流趋直时,上洛碛边滩头部的低矮滩体将因水流动力相对较弱而产生泥沙淤积,淤积体侵入航槽而碍航。在三峡工程施工期,上洛碛航道整治工程前,由于汛期泥沙淤积侵占航槽而使得船舶只能坐弯(贴南屏坝洲尾)航行,航道弯曲、狭窄,航行安全隐患大。

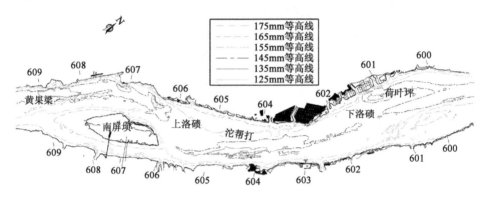

图 5-31　洛碛滩段河势图

三峡工程施工期,上洛碛航道整治工程实施后,调整了航线,航道弯曲以及船舶航行安全隐患问题得到了较好解决,但航道的泥沙回淤问题依然没有根本解决。上洛碛滩险为过渡段浅滩,浅漕段一般呈洪淤枯冲规律,天然情况下冲淤基本平衡。受三峡回水影响,泥沙易于在本河段落淤,尤其是遭遇不利水文年时,航槽淤积量较大,对航道不利。目前航道最小维护尺度为 3.5m × 100m × 800m,加之航道边界右侧有褡裢石、野鸭梁等礁石,船舶不易靠近,礁石与浅滩相互影响,不能满足 4.5m 水深航道尺度要求。

5.5.2　治理思路及模型试验研究

5.5.2.1　治理思路

针对洛碛滩段的碍航特性,提出的治理思路为:调顺上洛碛主航道,解决航道尺度问题,同时改善船舶航行条件,消除通行控制。采取的治理方案为:疏浚上洛碛浅滩不满足规划尺度要求的浅区,使浅滩部位航道水深达到设计水深,并根据需要布置整治建筑物,归顺水流,束窄河道,调整断面流速分布,加大航槽内流速,增加水流对浅滩过渡段的冲刷强度,确保挖槽稳定。

5.5.2.2 模型试验研究

根据洛碛滩段航道治理思路,进行了多方案物理模型试验研究。最终提出两种优选方案,右岸筑坝方案和左岸筑坝方案。

1)方案一:右岸筑坝方案

疏浚上洛碛碛翅至设计水位下4.7m,对上洛碛右岸原有1号、2号、4号(3号丁坝位于2号丁顺坝掩护范围内,可不进行处理)丁坝进行加高延长,坝顶高程为设计水位上3.5m。洛碛滩段右岸筑坝方案平面布置图如图5-32所示。

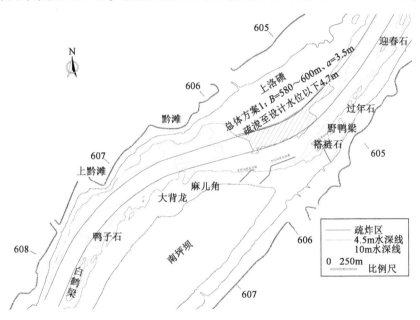

图5-32 洛碛滩段右岸筑坝方案平面布置图

分别选取 $Q=4500\text{m}^3/\text{s}$、$8800\text{m}^3/\text{s}$(设计水位以上3.5m对应的消落期上包线流量)、$11300\text{m}^3/\text{s}$(设计水位以上3.5m对应的消落期下包线流量)、$19965\text{m}^3/\text{s}$、$44100\text{m}^3/\text{s}$ 共5级典型流量,对整治工程前后的沿程水位变化、比降变化流速变化等水流条件进行了对比试验研究;选取 $Q=4500\text{m}^3/\text{s}$、$11300\text{m}^3/\text{s}$、$44100\text{m}^3/\text{s}$ 共3级典型流量,对整治工程后的船模航行条件进行了试验研究,综合分析该方案的整治效果。

(1)沿程水位变化。

图5-33为上洛碛滩段各级特征流量下工程前后水位差值变化图。由图可知:$Q \leqslant 11300\text{m}^3/\text{s}$ 时,受右岸整治建筑物影响,工程疏浚区上游河段水位壅高,

各级流量下的最大壅水位置均位于滩段进口处的黔滩附近(606.1km),$Q=4500\text{m}^3/\text{s}$时最大水位壅高值为0.12m,$Q=11300\text{m}^3/\text{s}$时最大水位壅高值为0.16m,$Q=8800\text{m}^3/\text{s}$(设计水位上3.5m消落期上包线对应流量)壅水高度有所减小,最大壅水值为0.09m;疏浚区末端水位略有下降,降幅在0.07m以内。由于该滩段为中低水整治,因此整治工程对洪水期($Q\geqslant19965\text{m}^3/\text{s}$)的水位影响很小,工程前后水位变化幅度均在0.03m以内。

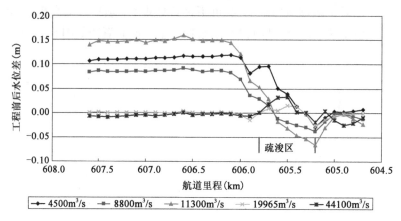

图5-33 各级特征流量下右岸筑坝方案工程前后水位差

(2)比降变化。

图5-34为研究河段各级特征流量下,工程前后河心局部比降变化。可以看出:①$Q\leqslant11300\text{m}^3/\text{s}$时,因右岸受丁(顺)坝束水作用明显,工程疏浚区河段局部比降均有所增大。其中,$Q=4500\text{m}^3/\text{s}$时最大增幅为0.46‰,工程后局部最大比降为1.15‰;$Q=11300\text{m}^3/\text{s}$时比降增大幅度一般在0.2‰~0.5‰之间,最大增幅为0.55‰,工程后疏浚区局部最大比降为1.07‰;$Q=8800\text{m}^3/\text{s}$(设计水位上3.5m消落期上包线对应流量)时,比降增大幅度一般在0.1‰~0.3‰之间,最大增幅为0.33‰,工程后疏浚区局部最大比降为0.65‰。②$Q\leqslant11300\text{m}^3/\text{s}$时,工程疏浚区以上河段因水位壅高,河心局部比降总体表现为略有减小,各级流量下减小幅度大都在0.05‰以内。③整治工程对洪水期($Q\geqslant19965\text{m}^3/\text{s}$)的比降变化影响较小,工程前后河心局部比降变化幅度大都在0.1‰以内。

(3)流速变化。

①整体流场。

a.$Q\leqslant11300\text{m}^3/\text{s}$时,受右侧凹岸整治建筑物影响,与工程前相比,水流自麻儿角附近开始左偏,水流与航线夹角减小,工程区航道内水流相对平顺。工程区下游附近(605.2km)河段水流流向较工程前略向右偏,至 3 号丁坝下游约 500m处水流流态与工程前基本一致。各级流量下工程前后航道内水流最大偏角均出现在疏挖区上游(606.2km)附近,且随着流量的增大,偏角逐渐减小,$Q=4500\mathrm{m^3/s}$ 时最大偏角为 22°,$Q=11300\mathrm{m^3/s}$ 时最大偏角为 16°。b. $Q\leqslant11300\mathrm{m^3/s}$时,因整治建筑物束窄影响,工程区河段流速明显增加,$Q=4500\mathrm{m^3/s}$ 时主流流速在 2.5 ~ 3.0m/s 之间,较工程前增加约 21%;$Q=11300\mathrm{m^3/s}$ 时主流流速在3.1 ~ 3.3m/s 之间,较工程前增加约 15%;$Q=8800\mathrm{m^3/s}$(设计水位上 3.5m 消落期上包线对应流量)时,工程河段主流流速在 2.4 ~ 2.6m/s 之间,较工程前增加约 14%。c. 整治工程对洪水期($Q\geqslant19965\mathrm{m^3/s}$)流场变化影响较小,工程前后河道流场基本一致。d. 研究河段内涉水设施主要为位于 606.9km 附近南坪坝左岸侧的取水趸船,该设施距本项目整治工程区相对较远,整治工程对其影响较小。

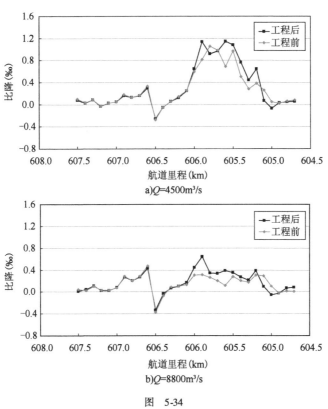

a)$Q=4500\mathrm{m^3/s}$

b)$Q=8800\mathrm{m^3/s}$

图 5-34

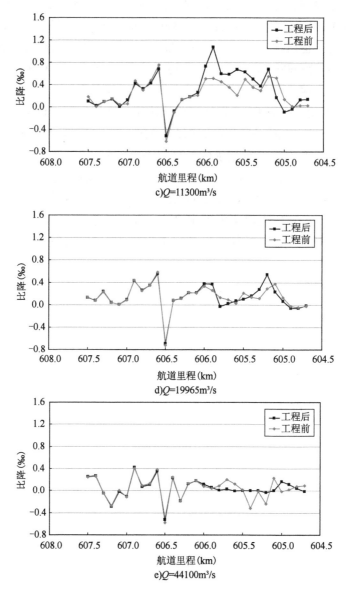

c)$Q=11300\text{m}^3/\text{s}$

d)$Q=19965\text{m}^3/\text{s}$

e)$Q=44100\text{m}^3/\text{s}$

图 5-34　各级特征流量下右岸筑坝方案工程前后河心局部比降变化

　　图 5-35 为工程区代表断面流速分布对比图。1 号断面，$Q\leqslant11300\text{m}^3/\text{s}$ 时因右岸丁顺坝束窄作用，断面过流宽度较工程前明显减小，丁顺坝以左断面流速普遍增加。$Q=4500\text{m}^3/\text{s}$ 时，断面流速增加幅度一般在 $0.10\sim0.30\text{m}/\text{s}$ 之间，疏浚

区流速增幅相对较大。$Q = 11300\text{m}^3/\text{s}$ 时,断面流速增加幅度相对均匀,一般在 $0.30 \sim 0.40\text{m}/\text{s}$ 之间。$Q = 8800\text{m}^3/\text{s}$(设计水位上 3.5m 消落期上包线对应流量)断面流速分布及增加趋势与 $Q = 11300\text{m}^3/\text{s}$ 时基本一致,但幅度略有减小,一般在 $0.20 \sim 0.30\text{m}/\text{s}$ 之间。

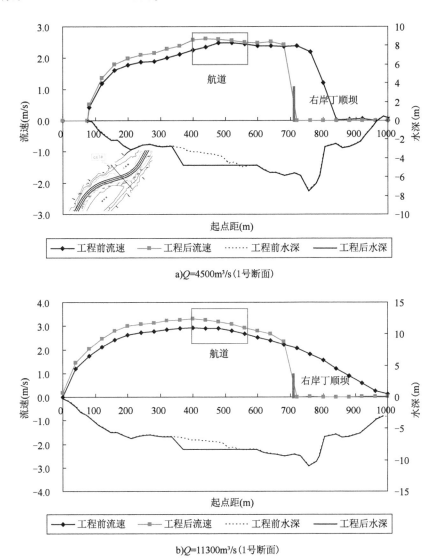

a)Q=4500m³/s(1号断面)

b)Q=11300m³/s(1号断面)

图 5-35

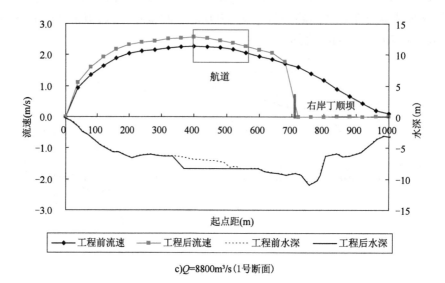

c)Q=8800m³/s（1号断面）

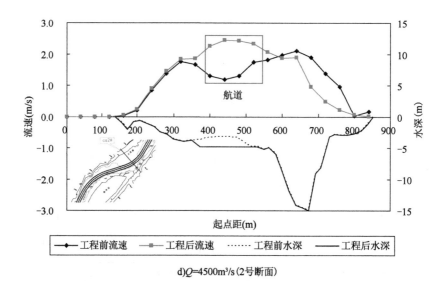

d)Q=4500m³/s（2号断面）

图 5-35

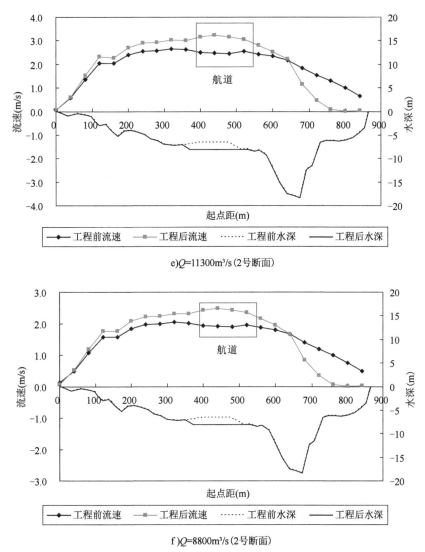

e)Q=11300m³/s（2号断面）

f)Q=8800m³/s（2号断面）

图5-35　右岸筑坝方案工程区代表断面（1号、2号断面）流速分布对比

2号断面,受右岸整治建筑物影响,整治线以内的断面流速普遍增加,且增加幅度明显大于1号断面。由于该断面位于3号丁坝下游附近,受其掩护影响,整治线以外的断面流速明显减小。$Q = 4500\text{m}^3/\text{s}$ 时,整治线以内的流速增加幅度在 $0.40 \sim 1.20\text{m/s}$ 之间,其中航中线附近流速增幅最大,断面流速分布形式由工程前的 M 形调整为抛物线形。$Q = 11300\text{m}^3/\text{s}$ 时,断面流速增加幅度在 $0.30 \sim 0.70\text{m/s}$ 之间,同样是航中线附近流速增幅最大。$Q = 8800\text{m}^3/\text{s}$ 时断面

流速分布及工程前后变化趋势与 $Q=11300\mathrm{m^3/s}$ 时基本一致,但幅度略有减小,航中线附近流速最大增幅为 $0.57\mathrm{m/s}$。

②航槽流速。

图 5-36 为设计航中线流速沿程变化图。a. $Q\leqslant11300\mathrm{m^3/s}$ 时,右岸整治建筑物的布置,使航槽疏挖区流速明显增大,$Q=4500\mathrm{m^3/s}$ 时航槽流速增幅为 $10\%\sim80\%$,工程后航槽流速为 $2.3\sim2.8\mathrm{m/s}$。$Q=11300\mathrm{m^3/s}$ 时航槽流速增幅为 $15\%\sim28\%$,工程航槽流速为 $3.1\sim3.3\mathrm{m/s}$。$Q=8800\mathrm{m^3/s}$ 时,工程航槽流速为 $2.4\sim2.5\mathrm{m/s}$,流速增幅为 $15\%\sim28\%$。b. 整治工程对洪水期($Q\geqslant19965\mathrm{m^3/s}$)航槽流速影响较小,工程前后航道内流速无明显变化。

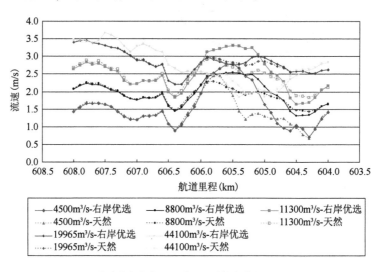

图 5-36　右岸筑坝方案工程前后设计航中线流速沿程变化图

2)方案二:左岸筑坝方案

疏浚上洛碛碛翅至设计水位下 4.7m;于左岸黔滩下游修建丁顺坝 1 条,将黔滩的挑流作用继续向下游延伸,增大疏浚区的流速,坝顶高程为设计水位以上 3.5m;对上洛碛右岸原有 4 座丁坝进行加高延长,坝顶高程为设计水位上 3.5m。洛碛滩段左岸筑坝方案平面布置图如图 5-37 所示。分别选取 $Q=4500\mathrm{m^3/s}$、$8800\mathrm{m^3/s}$(设计水位以上 3.5m 对应的消落期上包线流量)、$11300\mathrm{m^3/s}$(设计水位以上 3.5m 对应的消落期下包线流量)、$19965\mathrm{m^3/s}$、$44100\mathrm{m^3/s}$ 共 5 级典型流量,对整治工程前后的沿程水位变化、比降变化、流速变化等水流条件进行了对比试验研究;选取 $Q=4500\mathrm{m^3/s}$、$11300\mathrm{m^3/s}$、$44100\mathrm{m^3/s}$ 共 3 级典型流量,对整治工程后的船模航行条件进行了试验研究,综合分析左岸筑坝方案的整治效果。

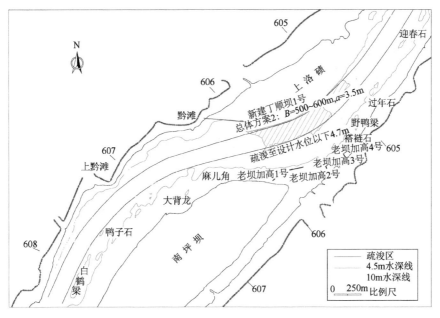

图 5-37 洛碛滩段左岸筑坝方案平面布置图

（1）沿程水位变化。

图 5-38 为上洛碛滩段各级特征流量下工程前后水位差值变化图。由图可知，整治工程对河段水位影响较小，各级流量下工程前后水位变幅均在 0.15m 以内。$Q = 4500\mathrm{m}^3/\mathrm{s}$ 时工程疏浚区及其上游水位略有降落，最大降落幅度为 0.15m，位于疏浚区进口附近。$Q = 11300\mathrm{m}^3/\mathrm{s}$ 时，疏浚区河段受挖槽影响水位有所降落，最大幅度为 0.12m，挖槽以上因整治建筑物阻水作用，水位有所壅高，最大壅水值为 0.09m。$Q = 8800\mathrm{m}^3/\mathrm{s}$ 时水位变化规律仍是疏浚区水位有所降落、挖槽以上水位壅高，变化幅度均在 0.07m 以内；洪水流量下工程前后水位基本无变化。

（2）比降变化。

图 5-39 为研究河段各级特征流量下，工程前后河心局部比降变化。可以看出：①流量 $Q < 19965\mathrm{m}^3/\mathrm{s}$ 时的工程前后局部比降变化主要集中在工程区，各级流量下沿程局部比降变化规律基本一致，均为工程区上段比降增大、下段比降减小。$Q = 4500\mathrm{m}^3/\mathrm{s}$ 时工程区上段比降最大增加 0.43‰、工程区下段比降最大减小 0.62‰，工程后河段最大局部比降为 1.25‰。$Q = 11300\mathrm{m}^3/\mathrm{s}$ 时工程区上、下段比降最大增、减变化值分别为 0.88‰、−0.41‰，工程后河段最大局部比降为 1.39‰。$Q = 8800\mathrm{m}^3/\mathrm{s}$ 时，工程区上、下段比降最大增、减变化值分别为 0.49‰、−0.24‰，工程后河段最大局部比降为 0.81‰。②整治工程对工程区

上下游河段的水面比降影响较小。③整治工程对洪水期（$Q \geqslant 19965\,\mathrm{m^3/s}$）的比降变化影响较小,工程前后河心局部比降变化幅度大都在 0.1‰以内。

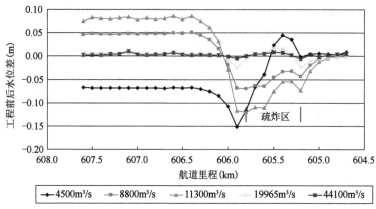

图5-38　各级特征流量下左岸筑坝方案工程前后水位差

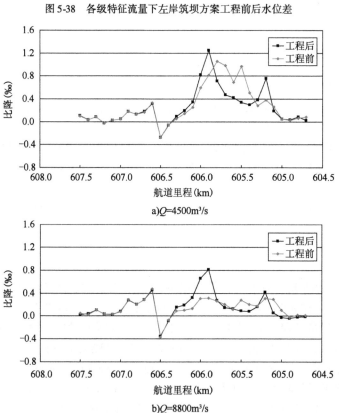

a)Q=4500m³/s

b)Q=8800m³/s

图　5-39

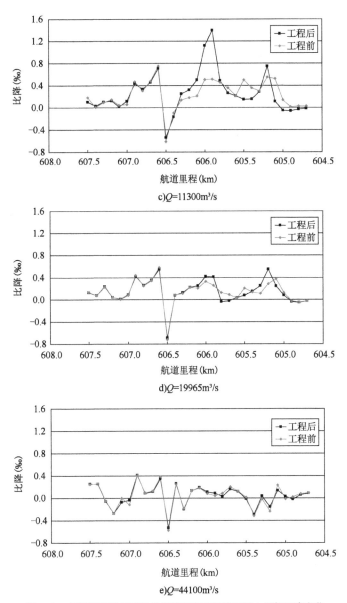

图 5-39　各级特征流量下左岸筑坝方案工程前后河心局部比降变化

（3）流速变化。

①整体流场。

a. $Q \leqslant 11300 \mathrm{m}^3/\mathrm{s}$ 时，工程后河道流场的变化主要出现在工程疏浚区河段，受挖槽引流以及整治建筑物作用，河道水流流向较工程前向左偏转，使得水流与航线夹角减小,航道内水流趋于平顺。$Q=4500\text{m}^3/\text{s}$ 时河道内水流偏转角度减幅最大为 $12°$,随着流量的增大,工程区水流流向改变幅度逐渐减小,$Q=11300\text{m}^3/\text{s}$ 时最大值为 $6°$。b. $Q\leqslant11300\text{m}^3/\text{s}$ 时,因整治建筑物束窄影响,工程区河段流速增加,$Q=11300\text{m}^3/\text{s}$ 时主流流速为 $2.9\sim3.5\text{m}/\text{s}$,较工程前增加约 17%。$Q=8800\text{m}^3/\text{s}$ 时主流流速为 $2.2\sim2.8\text{m}/\text{s}$,较工程前增加约 14%。$Q=4500\text{m}^3/\text{s}$ 时整治建筑物对水流束窄作用相对较弱,河道主流流速增加不明显,但疏浚区范围内因挖槽引流作用,流速增幅相对明显。c. 整治工程对洪水期($Q\geqslant19965\text{m}^3/\text{s}$)流场变化影响较小,工程前后河道流场基本一致。d. 研究河段内涉水设施主要为位于 606.9km 附近南坪坝左岸侧的取水趸船,该设施距本项目整治工程区相对较远,整治工程对其影响较小。

图 5-40 为工程区代表断面流速分布对比图。1 号断面,$Q\leqslant11300\text{m}^3/\text{s}$ 时因左右岸丁(顺)坝束窄作用,断面过流宽度较工程前明显减小,断面流速增加。$Q=4500\text{m}^3/\text{s}$ 时,自左岸丁顺坝至航道右边线附近断面流速增加,幅度一般在 $0.10\sim0.40\text{m}/\text{s}$ 之间,且自左至右流速增幅逐渐减小。航道右边线以外断面流速略小于工程前,幅度一般在 $0.10\sim0.20\text{m}/\text{s}$ 之间。$Q=11300\text{m}^3/\text{s}$ 时,整治线以内断面流速普遍增加,幅度一般在 $0.40\sim0.70\text{m}/\text{s}$ 之间,其中左岸丁顺坝附近流速增幅相对较大;$Q=8800\text{m}^3/\text{s}$(设计水位上 3.5m 消落期上包线对应流量)断面流速分布与 $Q=11300\text{m}^3/\text{s}$ 时基本一致,工程后整治线以内断面流速普遍增加,幅度一般在 $0.30\sim0.50\text{m}/\text{s}$ 之间。

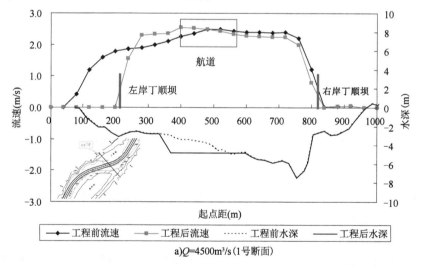

a)$Q=4500\text{m}^3/\text{s}$(1 号断面)

图 5-40

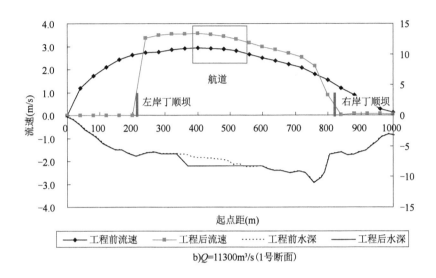

b)Q=11300m³/s(1号断面)

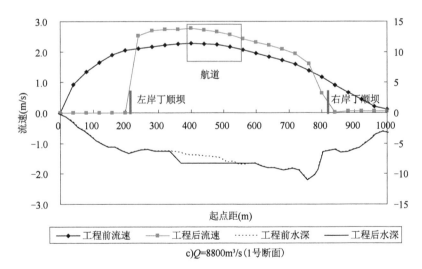

c)Q=8800m³/s(1号断面)

图 5-40

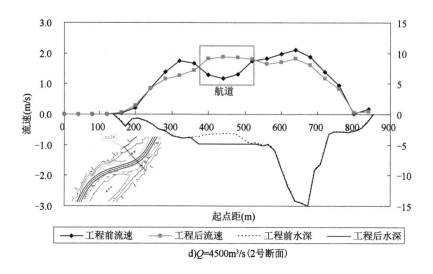

d)Q=4500m³/s(2号断面)

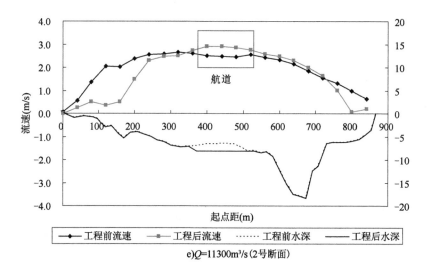

e)Q=11300m³/s(2号断面)

图 5-40

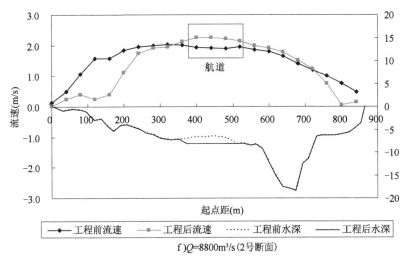

f)$Q=8800\text{m}^3/\text{s}$(2号断面)

图5-40 左岸筑坝方案工程区代表断面(1号、2号断面)流速分布对比

2号断面,$Q=4500\text{m}^3/\text{s}$时,受挖槽引流影响,航道内流速增加,幅度一般在 $0.20\sim0.50\text{m}/\text{s}$之间,航道左侧因处于左岸丁顺坝掩护范围内断面流速有所减 小,最大减小幅度$0.47\text{m}/\text{s}$,航道右侧局部断面因过流量的减小,流速也有小幅 下降,最大下降幅度$0.29\text{m}/\text{s}$。$Q=11300\text{m}^3/\text{s}$时,受整治工程影响,航道及其右 侧断面流速有所增加,其中航道挖槽内流速增幅相对较大,大都在$0.25\sim$ $0.40\text{m}/\text{s}$之间,航道左侧同样因处于左岸丁顺坝掩护范围内断面流速有所减小。 $Q=8800\text{m}^3/\text{s}$(设计水位上3.5m消落期上包线对应流量)断面流速分布及工程 前后变化趋势与$Q=11300\text{m}^3/\text{s}$基本一致,但幅度略有减小,其中航道挖槽内流 速增幅为$0.15\sim0.30\text{m}/\text{s}$。

②航槽流速。

图5-41为设计航中线流速沿程变化图。可以看出:a.$Q\leqslant11300\text{m}^3/\text{s}$ 时,受挖槽引流以及整治建筑物作用,疏挖区航槽流速增加,$Q=4500\text{m}^3/\text{s}$ 时航槽流速增幅为5%~50%,工程后航槽流速为$1.9\sim2.4\text{m}/\text{s}$。$Q=$ $11300\text{m}^3/\text{s}$时,航槽流速增幅为15%~19%,工程航槽流速为$2.9\sim3.4\text{m}/\text{s}$。 $Q=8800\text{m}^3/\text{s}$时工程航槽流速为$2.3\sim2.6\text{m}/\text{s}$,流速增幅为15%~19%。b.整 治工程对洪水期($Q\geqslant19965\text{m}^3/\text{s}$)航槽流速影响较小,工程前后航道内流速无明 显变化。

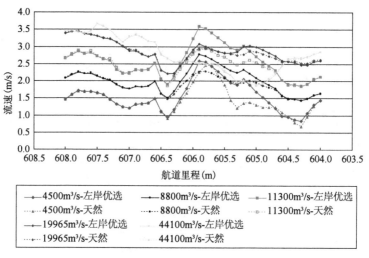

图 5-41　左岸筑坝方案工程前后设计航中线流速沿程变化图

3）方案比选

总体来看，两方案均满足整治目的，右岸筑坝方案在水位降落、疏浚区流速增幅等方面略优于左岸筑坝方案，因此将右岸筑坝方案作为模型试验推荐方案。

（1）沿程水位变化方面，两方案设计水位下航道水深均能满足设计要求。右岸筑坝方案工程实施后，浅滩疏浚区水位变幅较小，工程区及其附近河段水位有所壅高，设计水位对应 $Q = 4500\text{m}^3/\text{s}$ 流量下最大水位壅高值 0.12m；左岸筑坝方案工程实施后，浅滩疏浚区的水位有所下降，$Q = 4500\text{m}^3/\text{s}$ 时局部最大降 0.15m。由此可见，从工程方案对河段水位的影响方面考虑，右岸筑坝方案略优。

（2）航槽流速变化方面，两方案工程实施后，挖槽流速较工程前均有所增加。右岸筑坝方案 $Q = 11300\text{m}^3/\text{s}$ 时流速增幅为 15% ~ 28%，$Q = 4500\text{m}^3/\text{s}$ 时增幅达到 10% ~ 80%；左岸筑坝方案 $Q = 11300\text{m}^3/\text{s}$ 时流速增幅为 15% ~ 19%，$Q = 4500\text{m}^3/\text{s}$ 时增幅为 5% ~ 50%。由此可见，两方案工程后，整治水位对应流量下航槽流速增幅均不小于 15%，且航槽内流速大于推移质泥沙起动流速，而右岸筑坝方案在工程实施后航槽流速增幅大于左岸筑坝方案。因此，从工程实施后有利于挖槽稳定性的角度分析，右岸筑坝方案较优。

（3）上滩能力方面，两优选方案工程实施后，滩段水力条件（流速-比降组合）均能满足设计船舶自航上滩水力指标的要求。

5.5.3　推荐方案

根据前述泥沙输移特性及模型试验成果,上洛碛为过渡段浅滩,受三峡回水影响,泥沙易于在本河段落淤,尤其是遭遇不利水文年时,航槽淤积量较大,对船只通航不利。针对其泥沙输移特性及碍航特性,提出洛碛滩段的优化推荐整治方案,即疏浚上洛碛碛翅浅区,加高延长右岸原丁坝,下洛碛则进行滩面修复。具体方案设计是:疏浚上洛碛碛翅至设计水位下 4.7m,对上洛碛右岸原有 1 号、2 号、4号(3 号丁坝位于 2 号丁顺坝掩护范围内,可不进行处理)丁坝进行加高延长,坝顶高程为设计水位上 3.5m;由于下洛碛滩面破坏,导致水流条件恶化,因此对下洛碛内浩进行局部回填,调整主航道内流态,回填高程至设计水位下 8m,同时对下洛碛岸坡进行修复。洛碛滩段航道整治推荐方案平面布置图如图 5-42 所示。

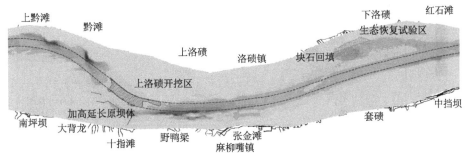

图 5-42　洛碛滩段航道整治推荐方案平面布置图

5.5.4　方案后泥沙回淤研究

针对洛碛推荐方案开展了泥沙回淤动床物理模型试验研究。水沙过程选取基于寸滩水文站 1995—2015 年 21 年水文系列资料,典型年选择 2012 年,系列年选择建库后 2012—2015 年连续 4 个水文年。

典型年主要从对航道稳定不利的水文年选取。分析 1995—2015 年水沙资料,最大洪峰流量出现在 2012 年,同时该年卵砾石推移质输移量、沙质推移质输移量均为三峡水库试验性蓄水以来(2008 年)较大。综合各种不利因素,选取2012 年为典型年。

向家坝、溪洛渡水电站下闸蓄水后,寸滩站推移质及悬移质输移量明显减小,考虑到这一现象在今后长期存在,动床系列年的选取则主要考虑上游水库蓄水运用后的水文年。从水沙资料来看,三峡水库试验性蓄水以来,2012 年属丰水丰沙年,2013 年、2014 年为中水中沙年、2015 年属于小水小沙年,最终形成的试验系列年为 2012—2015 年连续 4 个水文年。

1) 典型年试验结果分析

图5-43为推荐方案典型年条件下上洛碛滩段冲淤分布图, 图5-44为推荐方案典型年试验后上洛碛滩段水深图。

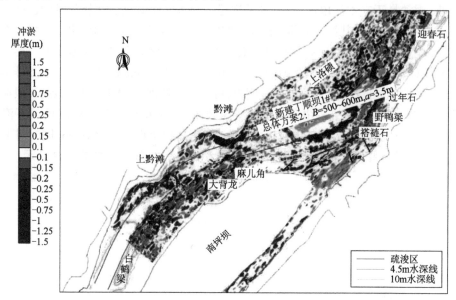

图5-43　推荐方案典型年条件下上洛碛滩段冲淤分布图

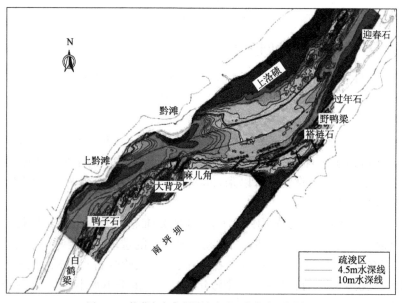

图5-44　推荐方案典型年试验后上洛碛滩段水深图

受整治建筑及浅区疏挖影响,上洛碛段河床冲淤变化具有以下特点:①上黔滩至洛碛滩头段河床冲淤相间,冲淤变化幅度一般在0.4m以内。②碛翅疏挖区疏挖深度一般在0.5~2.0m之间,疏挖区自左向右疏挖深度逐渐递减,典型年水沙过程作用后疏挖区内有所回淤,淤积厚度自左向右递减,左侧疏挖区内回淤厚度一般在0.1~0.2m之间,右侧疏挖区冲淤相间,原碛翅右侧主槽内略有冲刷,冲刷深度一般在0.3m以内。③上洛碛滩顶冲淤相间,冲淤变幅一般在0.2m以内。④右岸侧新建丁(顺)坝坝田以淤积为主,淤积厚度一般在0.2~0.4m之间。

上洛碛下段受下游人为采砂影响,河床已由早期的碛滩变为深槽,致使上洛碛尾部发生溯源冲刷,并在下游采砂坑附近淤积。典型年水沙过程作用后,河床冲刷深度一般在0.2~0.6m之间,淤积厚度一般在0.2~0.8m之间。

航槽冲淤方面,方案实施后,上洛碛滩头附近航槽略有冲刷,航深满足要求;碛翅附近新开挖航槽内虽有所回淤,但淤积幅度不大,选定的典型年水沙过程作用后航槽内水深能够满足不小于4.5m的要求。

2)系列年试验结果分析

图5-45为推荐方案系列年条件下上洛碛滩段冲淤分布图,图5-46为推荐方案系列年试验后上洛碛滩段水深图。与典型年冲淤结果相比,河段整体冲淤分布的格局无明显变化,冲淤幅度略有调整。

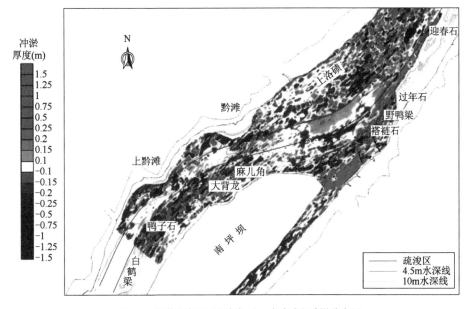

图5-45　推荐方案系列年条件下上洛碛滩段冲淤分布图

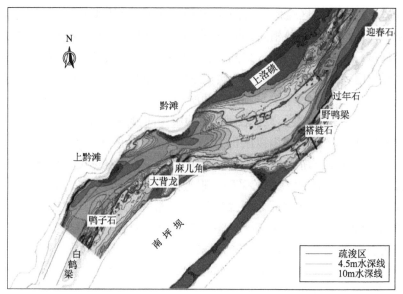

图 5-46　推荐方案系列年试验后上洛碛滩段水深图

受整治建筑及浅区疏挖影响,上洛碛滩段河床冲淤变化具有以下特点:①黔滩至上洛碛滩头段冲淤相间,冲淤变化幅度一般在 0.8m 以内;②选定的系列年水沙过程作用后疏挖区内有所回淤,淤积厚度自左向右递减,左侧疏挖区内回淤厚度一般在 0.2~0.4m 之间,右侧疏挖区冲淤相间,原碛翅右侧主槽内略有冲刷,冲刷深度一般在 0.4m 以内;③上洛碛滩顶冲淤相间,冲淤变幅一般在0.35m以内;④右岸侧新建丁(顺)坝坝田以淤积为主,淤积厚度一般在 0.2~0.7m 之间。

上洛碛尾部发生溯源冲刷,并在下游采沙坑附近淤积,选定的系列年水沙过程作用后,河床冲刷深度一般在0.3~1.1m 之间,淤积厚度一般在 0.3~1.2m 之间。

在航槽冲淤方面,方案实施后,选定的系列年水沙过程作用后上洛碛滩头附近航槽略有冲刷,航深满足要求;碛翅附近新开挖航槽有所回淤,淤积厚度稍大部位位于左边线附近,最大淤积厚度为 0.42m。

5.6　长寿航道整治方案

5.6.1　碍航特性

长寿航道碍航最为明显的区段体现在王家滩河段,该河段碍航特性集中表现为航道弯曲、狭窄、水流条件差。

　　弯曲:入口肖家石盘礁石伸入江中甚开,消落期水位在 156m 以下时,肖家石盘前沿鳗鱼石、恶狗堆乱礁横流较旺,船舶航行不宜靠近,主航道靠近左岸骑马桥一侧。下游进入王家滩河段,忠水碛将河道分为左右两汊,左汊为港区专用航道,右汊为主航道,忠水碛碛翅伸入主航道较开,航道偏向右岸一侧,在肖家石盘与忠水碛之间,完成了主航道由左岸向右岸的过渡。受上游礁石及浅碛共同影响,消落期 156m 水位以下时过渡段异常弯曲狭窄,水流条件也差,加上三峡水库蓄水忠水碛碛翅淤积,使得航道朝更加弯曲狭窄的方向发展。忠水碛尾部由于存在横板石、磨盘滩等礁石,消落期航道狭窄,水流条件差。船舶在上述区域上下通行均极为困难,加上周围港区、锚地较多,航道通行压力较大,上行船舶在该河段航行尤为困难,航运部门反应十分强烈。王家滩河段航道布置及船舶航行情况如图 5-47 所示。

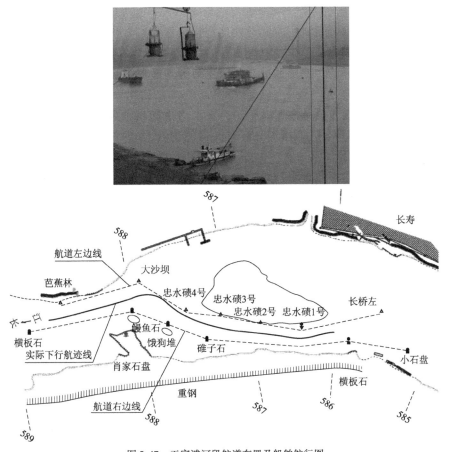

图 5-47　王家滩河段航道布置及船舶航行图

狭窄;鉴于长寿消落期航道条件较差,而通行于该河段的船舶均为大型船舶,航道有效宽度不足,消落期4.5m水深的航宽不足,因此在水位在155m以下时,王家滩实行单向通航控制。由于长寿河段港区较多,航道通行压力较大,极大地限制了船舶通行效率。

水流条件差:王家滩河段受忠水碛与磨盘石等礁石对峙,形成卡口河段,一方面卡口河段下游形成跌水,使得河段局部流速比降增大;另一方面礁石河段周围流态较差,对船舶航行造成影响。尤其是上行船舶影响最为明显,该河段消落期大型船舶上滩较为吃力,上滩船舶需顶推上滩。

5.6.2 治理思路及模型试验研究

5.6.2.1 治理思路

根据长寿航道碍航特性,应针对性地提出解决手段。针对航道尺度不足的问题,提出对航道内忠水碛进行疏浚,对肖家石盘进行炸礁,扩大航道有效尺度;针对水势流态差的问题,提出通过改变深潭结构改善水流条件。因此,提出两个治理方案:

方案一:左右汊双槽单向通航整治方案。考虑到目前左右两槽的航道尺度均不大,均为窄深型河槽,两岸均分布有大量的礁石,左右汊单槽双向通航方案均需要开展大量炸礁工程。为了减小上下行船舶的相互影响和炸礁工程量,开通左、右汊双槽单向通航方案,左汊作为单向上行航槽,现有右汊作为单向下行航槽,实行左右两槽分边航行,航槽尺度为4.5m×100m×1000m。

方案二:右汊单槽双向通航整治方案。按4.5m×150m×1000m航槽尺度,一方面,调整肖家石盘前沿航线,使得航路右移,平顺与王家滩河段相接,需要通过炸礁的工程措施,清除肖家石盘前沿的泡漩水、回流及横流的不良流态;另一方面,炸低右岸横板石、磨盘石等礁石,将忠水碛碛翅少量切除,增加航道宽度,增加过水面积,减缓流速、比降,改善船舶通航条件。

5.6.2.2 模型试验研究

根据长寿滩段航道治理思路,提出两个优选方案,左右槽单向通航方案和右槽双向通航方案。

1)方案一:左右槽单向通航方案

为减小上下行船舶的相互影响,采取左、右汊双槽单向通航方案,左槽作为单向上行航槽,现有右槽作为单向下行航槽,实行左右两槽分边航行,尺度为

4.5m×100m×1000m。根据航槽布置,在王家滩入口段对肖家石盘、恶狗堆及鳗鱼石等礁石突嘴进行炸深,炸礁深度为设计水位下6m,并筑2道潜坝,潜坝坝顶高程为设计水位下20m,解决肖家石盘前水流流态问题;右槽局部炸低横板石、磨盘石等礁石至设计水位下4.7m,开挖忠水碛右侧碛翅浅区至设计水位下4.7m;左槽开挖忠水碛左侧碛翅浅区至设计水位下4.7m,并在柴盘子深槽筑3道潜坝调整流速分布、流向,潜坝坝顶高程为设计水位下10m。图5-48为长寿航道左右槽单向通航方案平面布置图。

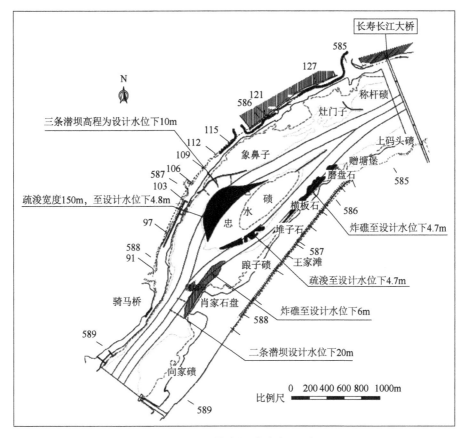

图5-48 长寿左右槽单向通航方案平面布置图

根据模型试验成果,长寿左右槽单向通航方案整治效果如下。

(1)分流比变化。

流量在5930~21283m³/s时,工程前右汊分流比在40.2%~33.2%之间,左汊分流比在59.8%~66.8%之间,左汊分流比大于右汊。方案实施后,相比工程前,枯水流量5930m³/s时,右汊分流比增大0.7%,流量在9012~21283m³/s之间时,右汊分流比减小0.1%~0.3%。左右汊分流相比工程前变化不大。

（2）沿程水位变化。

工程实施后,如图5-49所示,肖家石盘上游河段上、下行航道内水位有所壅高,随流量增大,水位壅高值有所增大。中、枯水流量时,水位壅高在0.05m以下,中洪水流量时,水位壅高在0.10~0.13m之间。肖家石盘下游河段右汊下行航道内水位有增有降,水位增减幅在0.05m以内,变化不大;左汊上行航道牛肋巴附近水位有所壅高,壅高为0.06~0.10m,其他增减幅度在0.05m以内。工程方案实施后,水深满足双槽单向航道尺度要求。

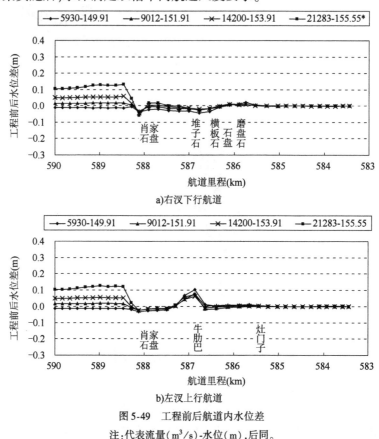

a)右汊下行航道

b)左汊上行航道

图5-49　工程前后航道内水位差

注:代表流量(m³/s)-水位(m),后同。

（3）水面比降变化。

右汊下行航道中、枯水流量时,沿程比降变化不大;中洪水流量时,肖家石盘附近局部比降及倒比降有所减缓,最大比降由1.45‰降至1.02‰,倒比降由

1.44‰降至0.97‰。左汊上行航道疏浚区牛肋巴附近比降有所减缓,倒比降消失。总体来看,工程实施后,局部比降及倒比降有所减缓。

(4)流速流态变化。

工程实施后,肖家石盘上游河段流速变化不大(图5-50)。肖家石盘河道中部受潜坝阻水作用,流速减小;左汊深槽受潜坝阻水作用,流速减小,疏浚区流速有所增大,水流与航道夹角减小;右汊忠水碛头部流速有所增大,碛翅侧流速略有减小,炸礁区流速增大;忠水碛碛滩流速减小,航道水流较工程前平顺。

图5-50 方案一工程前后肖家石盘附近流态照片(流量14200m³/s)

入口段肖家石盘炸礁区流速流态变化:方案实施后,流量为14200m³/s时,肖家石盘上游侧斜流与航线夹角由31°调整至23°,最大横向流速由1.12m/s减小至0.75m/s;肖家石盘上游侧头部航道内仍存在回流,回流流速约0.45m/s,回流范围占航道约40m,与工程前相比,回流流速和范围有所减小;肖家石盘前边缘仍存在不同强度的泡漩水,鳗鱼石附近平均最大泡高为0.21m,泡漩强度为中等强度。试验测得鳗鱼石附近垂向上升流速为0.87m/s,泡漩强度和垂向上升流速有所减小。表5-4为方案实施后航道内水流参数变化情况。

方案实施后航道内水流参数变化情况 表5-4

方案	斜流、横流	回流	泡漩水
实施前	夹角:31°; 横流:1.12m/s	回流:0.64m/s; 范围:约70m	泡高:0.28m,较强; 上升流速:1.27m/s
实施后	夹角:23°; 横流:0.75m/s	回流:0.45m/s; 范围:约40m	泡高:0.21m,中等; 上升流速:0.87m/s

右汊下行航道流速流态变化:如图5-51、图5-52所示,下行航道流速变化较小,流量为5930m³/s时,磨盘石附近由于炸礁,水流归顺,流速增大,回流减弱,

流速由 0.29m/s 增至 1.14m/s。流量为 14200m³/s 时,流速变化不大。流态变化与工程前相比,工程区航道内横向流速有所减小,磨盘石附近回流减弱,水流归顺,水流流态较天然情况下有所改善。流量为 5930m³/s 时,上行航道横板石附近最大横流由 0.43m/s 减至 0.22m/s,下行航道磨盘石附近最大横流由 0.42m/s 减至 0.23m/s;流量为 14200m³/s 时,最大横流位于磨盘石下游,航道横流有所减小。

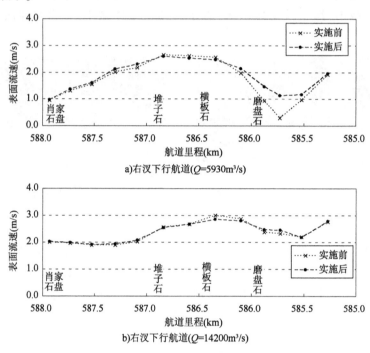

图 5-51　工程前后下行航道航中线表面流速沿程变化

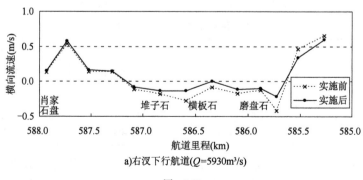

图　5-52

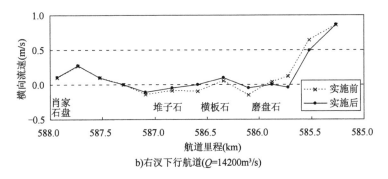

b)右汊下行航道(Q=14200m³/s)

图5-52　工程前后下行航道航中线横向流速沿程变化

　　左汊上行航道流速流态变化:工程实施后,如图5-53所示,相比工程前,肖家石盘及上游河段流速变化不大。忠水碛碛翅疏浚区牛肋巴附近及疏浚区上下游局部区域流速有所增大。枯水流量为5930m³/s时,疏浚区上段流速变化不大,疏浚区下段流速由1.67m/s增至2.25m/s;中洪水流量为21283m³/s时,疏浚区上段流速3.47m/s增至3.70m/s,疏浚区下段流速变化不大;灶门子以下河段流速变化不大。如图5-54所示,流态方面,工程后,左汊在肖家石盘前航道内水流较顺,无泡漩水和回流,忠水碛碛翅牛肋巴水流流态明显好转。枯水流量时,向左斜流与航线夹角由40°调整至5°,最大横向流速由1.07m/s减小至0.19m/s;深槽向右水流与航线夹角由18°调整至9°,最大横向流速由0.61m/s减小至0.31m/s。忠水碛滩面水流与象鼻子深槽水流之间的角度由58°调整至14°。流量为14200m³/s时,斜流减小,调整角度也减小。

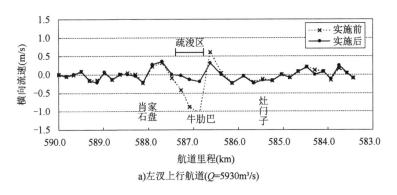

a)左汊上行航道(Q=5930m³/s)

图　5-53

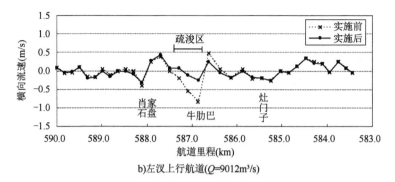

b)左汊上行航道(Q=9012m³/s)

图 5-53 工程前后左汊上行航道航中横向流速沿程变化

图 5-54 左汊工程区水流流态(Q=5930m³/s)

（5）上滩水力能力与上滩指标。

方案实施后，流量在 5930～21283m³/s 之间时最大上滩指标 E（表示图 5-55 ▲的最大值）分别为 2.5、2.7、3.2、4.4，E_{max}＜4.4（E_{max} 代表船舶自航上滩要求，最大上滩指标 E 中的最大值），满足船舶自航上滩要求。方案实施前后上滩水力能力与上滩指标如图 5-55 所示。

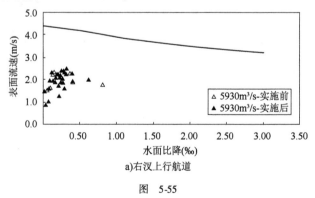

a)右汊上行航道

图 5-55

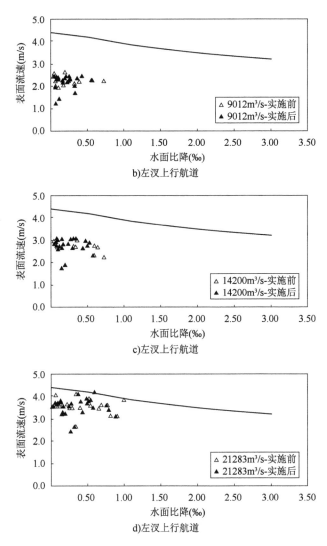

b)左汊上行航道

c)左汊上行航道

d)左汊上行航道

图 5-55 工程前后上滩水力能力与上滩指标

2)方案二:右槽双向通航方案

右槽为现行主航槽,方案二考虑整治右槽,利用右槽双向通航,航槽布置时增大航槽弯曲半径,尽量将航线布置得较为顺直,尺度取 4.5m×150m×1000m。根据航槽布置,入口肖家石盘与方案一基本相同,对肖家石盘、恶狗堆及鳗鱼石等礁石进行炸礁,炸礁深度 6m;在深槽筑 2 道潜坝,坝顶高程为设计水位下 20m;局部炸低横板石、磨盘石等礁石,左侧开挖忠水碛右侧碛翅浅区,设计底高程为设计水位下 4.7m。图 5-56 为长寿航道右槽双向通航方案平面布置图。

图 5-56 长寿右槽双向通航方案平面布置图

根据模型试验成果,长寿左右槽单向通航方案整治效果如下。

(1)分流比变化。

工程实施后,相比工程前,右汊分流比增大 0.7% ~ 2.4%;反之,左汊分流比减小,分流比增减幅随流量增大而减小。左、右汊分流比随着流量变化与工程前规律一致。

(2)水位变化。

工程实施后,如图 5-57 所示,相比工程前,肖家石盘上游河段航道枯水流量时,水位降低约 0.03m,中洪水流量时,水位壅高在 0.09 ~ 0.11m 之间。肖家石盘下游河段航道内水位有所降低,水位降幅在 0.08m 以内,水深满足航道尺度要求。

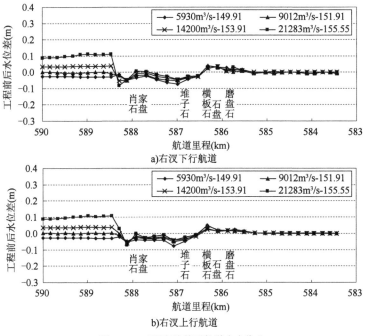

a) 右汊下行航道

b) 右汊上行航道

图 5-57 工程实施前后航道内水位差

（3）水面比降变化。

上行航道肖家石盘附近中、枯水流量时，航道沿程比降变化不大；中洪水流量时，比降及倒比降有所减缓，最大比降由 1.27‰ 降至 0.87‰，倒比降由 1.07‰降至 0.63‰，堆子石至石盘河段比降有所减小，最大比降由 0.71‰ 降至 0.35‰。工程实施后，局部比降及倒比降有所减缓。

（4）流速流态变化。

方案二实施后，肖家石盘上游河段流速变化不大。肖家石盘河道中部受潜坝阻水作用，流速减小，两侧流速有所增大；枯水流量时，肖家石盘与忠水碛过渡段流速有所增大，堆子石至磨盘石疏浚区和炸礁区流速增大，中部航槽流速有所减小；忠水碛碛滩流速减小；中水流量时，肖家石盘与忠水碛过渡段流速有所减小，堆子石至磨盘石航槽左侧疏浚区流速有所减小，右侧炸礁区流速有所增大，中部航槽流速有所减小；忠水碛碛滩流速减小；磨盘石附近回流有所减弱，航道水流较工程前平顺。

右汊下行航道流速流态变化：流速方面，方案实施后，枯水流量时，最大流速位于堆子石—石盘河段；中洪水流量时，最大流速位于肖家石盘上游河段。与方案实施前相比，肖家石盘上游河段航道流速变化不大。肖家石盘炸礁区航道流速增大,枯水流量为 5930m³/s 时,流速由 0.35m/s 增至 0.59m/s;中洪水流量为 21283m³/s 时,流速由 2.09m/s 增至 2.69m/s。肖家石盘附近流速相对较小,流速增减对船舶航行影响不大,水流流态改善;堆子石—石盘河段航道流速变化不大。磨盘石附近流速有所增大,枯水流量为 5930m³/s 时,流速由 0.29m/s 增至 1.10m/s;中洪水流量为 21283m³/s 时,流速由 2.90m/s 增至 2.95m/s;磨盘石下游河段航道流速变化不大,河段内航道最大流速变化不大。流态方面,方案实施后,右汊下行航道内流速增大,水流平顺,回流消除,横向流速减小,泡漩水减弱,水流流态较天然情况下有所改善;最大横向流速位于肖家石盘上游河段及磨盘石下游河段,中洪水流量为 21283m³/s 时,横向流速由 1.13m/s 减至 0.85m/s;右汊中下段横向流速较小,一般在 0.5m/s 以内,较工程前有所减小;磨盘石附近仍存在回流,水流流态较工程前有所好转。

右汊上行航道流速流态变化:方案二实施后,相比工程前,肖家石盘上游河段航道流速变化不大;肖家石盘附近上行航道内流速减小。枯水流量为 5930m³/s 时,流速由 1.37m/s 减至 1.11m/s;中洪水流量为 21283m³/s 时,流速由 3.47m/s 减至 2.69m/s。堆子石—磨盘石河段航道流速有所减小,枯水流量为 5930m³/s 时,最大流速由 2.82m/s 减至 2.45m/s;中洪水流量为 21283m³/s 时,最大流速由 3.50m/s 增至 3.18m/s,流速减小对船舶航行有利。磨盘石下游河段航道流速变化不大。

方案实施前后,右汊下行、上行航道航中表面流速沿程变化如图 5-58、图 5-59 所示。方案实施前后,下行航道航中横向流速沿程变化如图 5-60 所示。右汊工程区水流流态如图 5-61 所示。

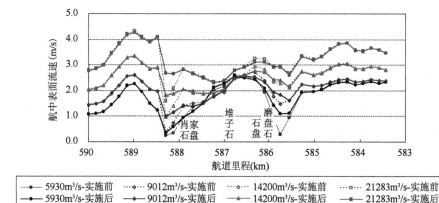

图 5-58　方案实施前后右汊下行航道航中表面流速沿程变化

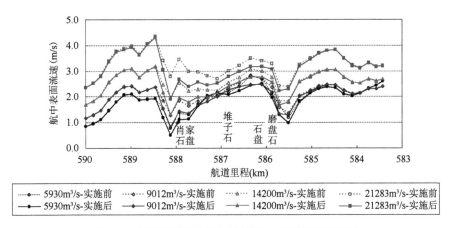

图 5-59　方案实施前后右汊上行航道航中表面流速沿程变化

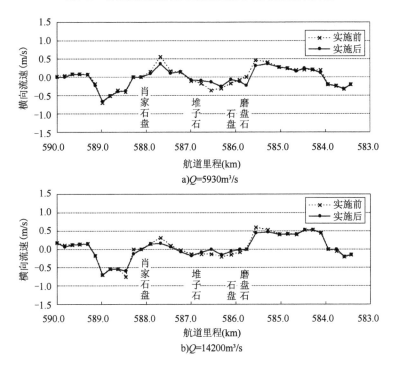

图 5-60　方案实施前后下行航道航中横向流速沿程变化

　　流态方面,右汊上行航道在肖家石盘前航道内无较强的泡漩水和回流,中下段水流较顺,水流流向与航道夹角一般在10°以内,横向流速在0.5m/s以内;最大横向流速位于磨盘石下游河段,枯水流量时,最大横向流速约0.41m/s,中洪水流量时,最大横向流速约0.99m/s,工程区河段最大横向流速在0.5m/s以内。总体来看,右汊上行航道工程前后横向流速变化不大。方案实施前后,右汊上行航道航中横向流速沿程变化如图5-62所示。

图5-61 右汊工程区水流流态($Q=5930\text{m}^3/\text{s}$)

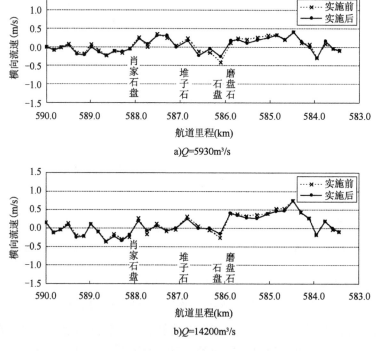

a)$Q=5930\text{m}^3/\text{s}$

b)$Q=14200\text{m}^3/\text{s}$

图5-62 工程前后上行航道航中横向流速沿程变化

（5）上滩能力。

方案实施后,如图 5-63 所示,流量 5930～14200m³/s 最大上滩指标 E（图 5-63 ▲的最大值）分别为 2.6、2.6、3.3,$E_{\max} < 4.4$,满足船舶自航上滩要求;流量 21283m³/s 有一点最大上滩指标 E 为 4.5,比降为 0.80‰,流速为 4.18m/s,位于肖家石盘上游向家碛,其他河段满足船舶自航上滩要求。

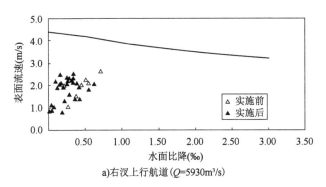

a)右汊上行航道（Q=5930m³/s）

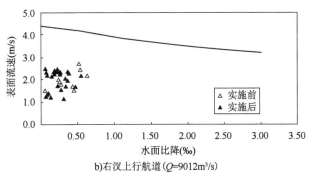

b)右汊上行航道（Q=9012m³/s）

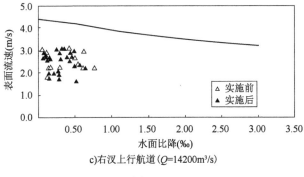

c)右汊上行航道（Q=14200m³/s）

图　5-63

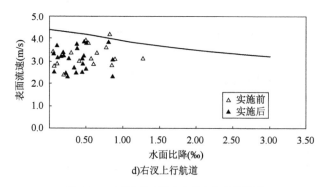

d)右汊上行航道

图 5-63　工程前后上滩水力能力与上滩指标

5.6.3　推荐方案

针对长寿滩段泥沙输移特性及碍航特性,提出其优化推荐整治方案——左右槽单向通航方案:为了减小上下行船舶的相互影响,开通左、右汊双槽单向通航,左槽作为单向上行航槽,现有右槽作为单向下行航槽,实行左右两槽分边航行,尺度取 4.5m×100m×1000m。根据航槽布置,在王家滩入口段对肖家石盘、恶狗堆及鳗鱼石等礁石突嘴进行炸深,炸礁深度为设计水位下 6m,并筑 2 道潜坝,潜坝坝顶高程为设计水位下 20m,解决肖家石盘前水流流态问题;右槽局部炸低横板石、磨盘石等礁石至设计水位下 4.7m;开挖忠水碛右侧碛翅浅区至设计水位下 4.7m;左槽开挖忠水碛左侧碛翅浅区至设计水位下 4.7m,并在柴盘子深槽筑 3 道潜坝调整流速分布、流向以改善流态,潜坝坝顶高程为设计水位下 10m。长寿滩段航道整治推荐方案平面布置如图 5-64 所示。

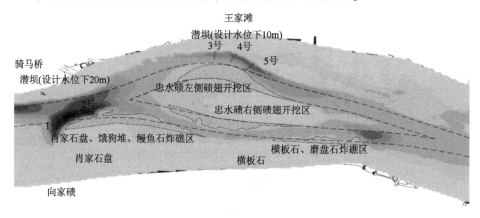

图 5-64　长寿滩段航道整治推荐方案平面布置图

5.6.4 方案后泥沙回淤研究

1）典型年试验结果分析

典型水文年选取 2012 年大水丰沙年。

从冲淤变化来看（图 5-65），肖家石盘河段冲淤相间，总体呈微淤状态，冲淤幅度一般在 0.5m 以内，局部淤积厚度在 0.5 ~ 1.0m 之间。肖家石盘前水深较大，对航道基本无影响。忠水碛滩段在典型水文年处于普遍淤积状态，碛滩及左右汊深槽整体呈淤积状态，冲淤幅度一般在 0.5m 以内，局部淤积厚度在 0.5 ~ 1.0m 之间。左汊疏浚区坡脚最大回淤厚度 0.9m，航道内最大回淤厚度 0.8m；右汊疏浚区局部点最大回淤厚度 0.7m，航道内最大回淤厚度 0.5m。磨盘石—长寿大桥河段呈冲淤相间，总体呈淤积状态，冲淤幅度一般在 0.5m 以内，局部淤积厚度在 0.5 ~ 1.0m 之间。

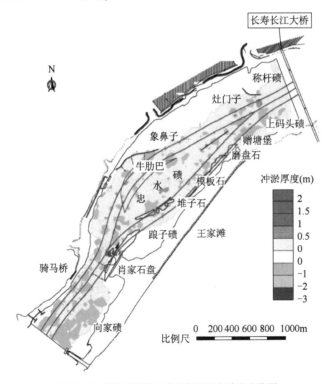

图 5-65 推荐方案典型水文年后河床冲淤变化图

从水深变化来看（图 5-66），方案实施后，经过典型年作用，忠水碛上下游航道满足航道尺度要求。忠水碛左汊受疏浚区回淤影响，航道内航深不足 4.5m，需对疏浚区局部区域进行维护疏浚,疏浚区年末回淤量约 1.7 万 m^3。右汊头部疏浚区航道内淤积局部航深不足 4.5m,需进行少量维护疏浚,疏浚区年末回淤量约 0.4 万 m^3。

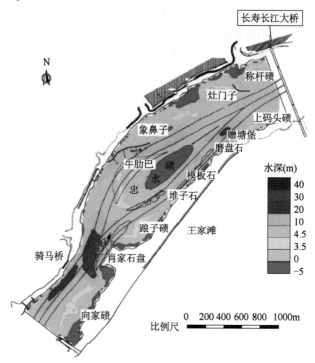

图 5-66　推荐方案典型水文年后水深图

2)系列年试验结果分析

系列水文年选取为 2012—2015 年连续 4 个水文年。

如图 5-67 所示,从冲淤变化来看,肖家石盘前呈微冲状态,出口段有所淤积,航道内局部淤积厚度在 0.5~1.0m 之间;肖家石盘河段水深较大,少量淤积对航道影响不大。忠水碛滩段基本处于微淤状态,相对典型年左汊航道内有所冲刷,最大回淤厚度 0.5m;疏浚区坡脚淤积有所增大,最大回淤厚度 1.0m。右汊疏浚区头部泥沙淤积有所增加,其他部位淤积较少,右汊河道基本为微淤状态。忠水碛下游河道基本呈微冲状态。

从水深变化来看(图 5-68),方案实施后,经过系列年作用,左汊疏浚区航道内有所冲刷,疏滩区基本满足 4.5m 水深和 100m 航宽,而疏浚区回淤量相对典型年略有增加,年末回淤量约 2.4 万 m^3;右汊疏浚区年末回淤量约 0.78 万 m^3,宽度基本满足 100m 航宽。

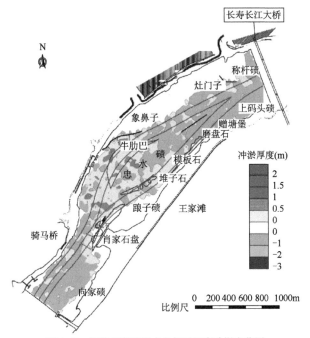

图5-67 推荐方案系列水文年后河床冲淤变化图

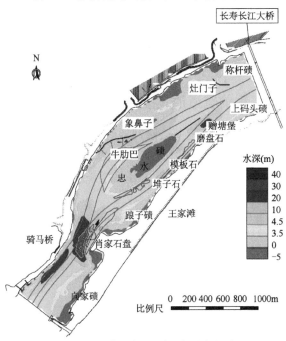

图5-68 推荐方案系列水文年后水深图

5.7 三峡变动回水区 4.5m 航道工程后通过能力分析

根据航道条件核查成果,三峡变动回水区重庆朝天门至涪陵河段 4.5m 水深航道整治工程主要对河段内从上至下的草鞋碛、蛮子碛、铜田坝、广阳坝、长叶碛、大箭滩、洛碛、王家滩、码头碛、中堆、青岩子等 11 处碍航滩险进行综合整治,整治河段的分布示意图如图 5-69 所示。

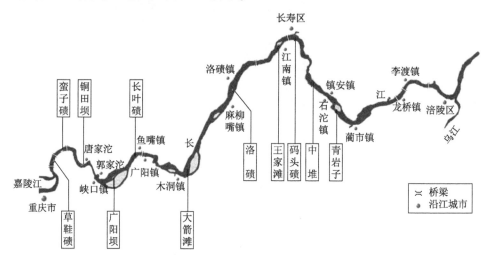

图 5-69　三峡库尾朝天门至涪陵河段 4.5m 水深航道整治工程滩险分布

5.7.1 整治工程前航道通过能力

三峡变动回水区重庆朝天门—涪陵河段存在多处通航控制河段,船舶单向控制期间,通航效率低。且河段最小维护尺度为 3.5m×100m×800m,在三峡工程坝前高水位期(11 月至次年 1 月)最大分月维护水深可达 4.5m。朝天门—涪陵河段航道分月维护水深见表 5-5。

朝天门至涪陵河段航道分月维护水深(单位:m)　　　　　表 5-5

月份	1	2	3	4	5	6	7	8	9	10	11	12
维护水深	4.5	4.0	3.5	3.5	3.5	3.5	4.0	4.0	4.0	4.0	4.5	4.5

1)双向航道通过能力

航道的理论通过能力是指在理想条件下的航道通过能力,理想条件包括按最佳设计船型、船舶满载、不考虑任何其他条件影响的情况,船舶以连续不间断的交通流量,在单位时间内通过某段航道的船舶数量或是船舶的载重数。一般先计算某航段内船舶数量或者载重情况,再结合航道基本小时通过能力,通过时间的累积得到年航道通过能力,见式(5-1)。由于船舶在航道中航行并非连续不间断的,因此,理论通过能力一般仅作为航道上限的参考。在实际的交通工程设计中,采用设计小时系数对理论通过能力和设计通过能力进行换算,设计航道通过能力见式(5-2)。

$$Q_{y1} = 24MT\left[\frac{3600m_u(v_u - v_w)}{l_u} + \frac{3600m_d(v_d + v_w)}{l_d}\right] \quad (5-1)$$

$$Q_{y2} = \frac{3600MT}{K_h}\left[\frac{m_u(v_u - v_w)}{l_u} + \frac{m_d(v_d + v_w)}{l_d}\right] \quad (5-2)$$

式中:Q_{y1}——理论航道年通过能力;

$\quad Q_{y2}$——设计航道年通过能力;

$\quad T$——单位年内船舶在该段航道可通航天数;

$\quad M$——船舶吨位;

$\quad K_h$——内河航道设计小时系数,一般为 0.14 ~ 0.19;

$\quad m_u、m_d$——船舶上行和下行的通过数目;

$\quad v_u、v_d$——船舶的上行和下行航速;

$\quad v_w$——航道水流速度;

$\quad l_u、l_d$——上下行船舶的对应船型的船舶领域纵长。

涪陵至重庆段通航天数为 365 天,按维护水深不同可通航 3000 或 5000 吨级船舶,其安全领域纵长上行在 308 ~ 385m 间,下行在 528 ~ 572m 间。内河船舶正常航行时上下行航速在 3 ~ 5m/s、5 ~ 7m/s 之间,船舶上行和下行的通过数目为 1。对于航道内水流速度而言,采用断面法对长江上游枯水位时期各航段水流速度进行大致描述。基于上述数据,代入式(5-1)、式(5-2)可推求上下行的理论航道通过能力以及设计航道通过能力,见表5-6、图5-70。

设计年航道通过能力(单位:亿吨/年)   表5-6

航道通过能力	方向	1—2 月	3—6 月	7—12 月
理论	上行	8.76 ~ 19.01	4.14 ~ 9.05	8.76 ~ 19.01
	下行	18.78 ~ 24.7	10.45 ~ 13.76	18.78 ~ 24.75
设计	上行	1.89 ~ 5.61	0.91 ~ 2.69	1.89 ~ 5.61
	下行	4.14 ~ 7.39	2.29 ~ 4.09	4.14 ~ 7.39

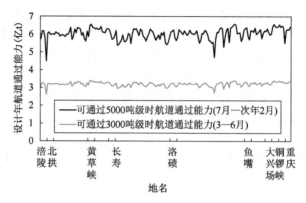

图 5-70　涪陵至重庆段设计年航道通过能力

由于航道的通过能力会受天气、碍航建筑、施工等一系列不可预见因素影响。因此,在计算所得的航道设计通过能力的范围中,取该范围区间的最小值作为航道承载能力的判别标准,将各航段的上下行通过能力相加得到该航段整体的设计通过能力。

涪陵至重庆段除个别区域外,航段在 7 月—次年 2 月年设计通过能力均在 5 亿 t 以上,但航段在 3—6 月的消落期年设计通过能力降低至 3 亿 t 左右。

2)单向航道通过能力

涪陵至重庆段部分河段弯曲、狭窄、滩险较多,其通视条件较差,会船避让困难。航道部门从通航安全出发,在此类水域设置信号控制管理站,规定船舶在同一时间段内只能单向控制通行,此类河段即为控制河段。随着控制段水域内船舶往来密度的增大,水域内出现了较多的船舶排队等候过河现象,且船舶排队时间和船舶数量也随之日趋增加,严重影响了航道的通航效率。由此可知,影响到单线控制段航道通过能力的主要因素是各控制段的船舶排队时间损耗,可通过建立控制河段排队服务模型计算得到各控制段船舶排队服务时间,进而将各控制段排队时间折损量化到双向航道的通过能力,即得到各单线河段通过能力,具体见式(5-3)、式(5-4)。

$$T_{下行} = \frac{\rho_1 \overline{S_1} + \rho_2 \overline{S_2}}{1 - \rho_1} \tag{5-3}$$

$$T_{上行} = \frac{T_{下行}}{1 - \rho} = \frac{T_{dl} - \overline{S_1}}{1 - \rho} = \frac{T_{dl} - \overline{S_2}}{1 - \rho} \tag{5-4}$$

式中:ρ——系统负荷水平;

ρ_1——系统下行船舶负荷水平；

ρ_2——系统上行船舶负荷水平；

$\overline{S_1}$——下行船舶通过控制段时间；

$\overline{S_2}$——上行船舶通过控制段时间；

T_{dl}——下行船舶在控制河段平均逗留时间；

$T_{上行}$——上行船舶平均等待时间；

$T_{下行}$——下行船舶平均等待时间。

进而将各控制段排队时间折损量化到双向航道的通过能力计算，即得到各单线河段设计通过能力，其表达式为：

$$Q_k = (3600 - 60t') \frac{MT}{K_h} \left[\frac{m_u(v_u - v_w)}{l_u} + \frac{m_d(v_u + v_w)}{l_d} \right] \qquad (5-5)$$

式中：t'——控制河段船舶平均排队时间。

根据式(5-4)，将表5-7中船舶日到船速率和平均通过时间数据代入计算，得到长江上游朝涪段各控制断面平均的排队时间，如图5-71所示。

朝涪段各控制段船舶到达速率和船舶平均通过时间概况　　　表5-7

控制河段	控制段长度(km)	日到船速率(艘)	平均通过时间(min)
铜锣峡	1.2	125	3.93
大兴场	2	125	6.56
上洛碛	2.2	125	7.21
王家滩	2.4	125	7.87
黄草峡	0.6	125	1.97

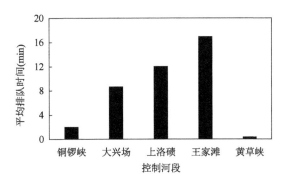

图5-71　朝涪段各控制段平均船舶排队时间

结合控制河段各区域的航道维护尺度、水流条件、船舶吨位及船舶尺度数据,可计算得到长江上游各单线控制河段设计年航道通过能力(图5-72)。

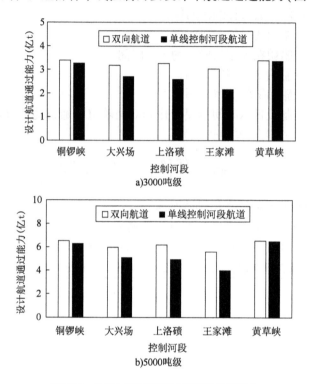

图 5-72　长江上游控制段航道年设计通过能力

长江上游涪陵至重庆段上洛碛、大兴场和王家滩段通过能力受影响最大,王家滩段在低水位时期通过能力已低至 2 亿 t 左右;铜锣峡和黄草峡河段年设计通过能力较双向通过能力的损失并不多,主要由于这两个控制段航程较短,航行效率较高。

5.7.2　整治工程后航道通过能力

朝涪段 4.5m 水深整治工程提高航道维护尺度至Ⅰ级航道 4.5m×150m×1000m,故本书将朝涪段全年维护水深为 4.5m 且全程为双向航道作为工况条件,计算航道通过能力。朝涪段全年维护水深为 4.5m,则全年可通航 5000 吨级船舶,其余数据不变,代入式(5-1)、式(5-2)可得朝涪段上下行的理论航道通过能力以及设计航道通过能力,见表 5-8。

设计年航道通过能力(单位:亿 t/年)　　　　表 5-8

航道通过能力	方向	全年
理论	上行	8.76 ~ 19.01
	下行	18.78 ~ 24.75
设计	上行	1.89 ~ 5.61
	下行	4.14 ~ 7.39

同样,取该范围区间的最小值作为航道承载能力的判别标准,将各航段的上下行通过能力相加得到该航段整体的设计通过能力。涪陵至重庆段设计年航道通过能力如图 5-73 所示。

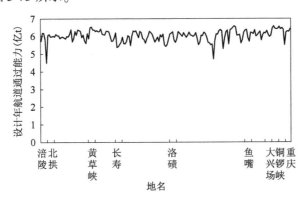

图 5-73　涪陵至重庆段设计年航道通过能力

从图 5-73 可知,朝涪段 4.5m 水深整治工程后,涪陵至重庆段全年可通航 5000 吨级船舶,除个别区域外,全年设计通过能力均在 5 万亿 t 以上。

目前三峡变动回水区涪陵至重庆段除个别区域外,航段在 7 月—次年 2 月年设计通过能力均在 5 亿 t 以上,但航段在 3—6 月的消落期年设计通过能力降低至 3 亿 t 左右,全年朝涪段航道设计通过能力约 5.09 亿 t。且区域内存在多处控制河段,以上洛碛、大兴场和王家滩段通过能力受影响最大,王家滩段在低水位时期通过能力已低至 2 亿 t 左右。因此,由于单线航道的存在,一定程度影响到了涪陵至重庆段航道的通行效率,导致长江黄金航道整体运载畅通也随之受到一定的影响。朝涪段 4.5m 水深整治工程完工后,全年维护水深为 4.5m,均可通航 5000 吨级船舶,全年朝涪段航道通过能力可达 6.03 亿 t,较原先全年航道设计通过能力 5.09 亿 t 提高了 18.5%,且减小了控制河段对其航道通过能力的影响,故整治工程对朝涪段航道通过能力提升效果明显。

5.8 本章小结

基于第 3 章的研究成果,提出了胡家滩、三角碛、猪儿碛疏浚维护设计指标,提出了广阳坝、洛碛、长寿的推荐治理方案,并对工程后推移质回淤开展了研究;对三峡变动回水区重庆至涪陵段 4.5m 航道工程后通过能力的提升进行了分析。

(1)根据三峡库尾卵砾石沙波群体运动特性,获得了重点滩段胡家滩、三角碛、猪儿碛主航槽回淤在 0.3 ~ 0.5m 以内,从而确定了维护疏浚设计备淤深度为 0.3 ~ 0.5m;结合各滩段水位过程,胡家滩、三角碛、猪儿碛施工时机在蓄水期,即 10 月—次年 2 月为宜。

(2)广阳坝为险、浅滩,其治理思路主要是解决低水位时航道尺度不足的问题,同时改善入口段的水流条件和出口处的通航条件。结合滩段泥沙输移特性及回淤研究成果,提出其治理措施为切除上段左岸半截梁突嘴、蜘蛛碛碛翅和礁石子突嘴,并开挖中段右岸猪儿石、芦席碛碛翅,同时疏浚下段左岸飞蛾碛碛翅浅区。

(3)洛碛为过渡段浅滩,其治理思路为调顺上洛碛主航道,解决航道尺度问题,同时改善船舶航行条件,消除通行控制,并修复下洛碛滩面及岸坡。结合滩段泥沙输移特性及回淤研究成果,提出其治理措施为:疏浚上洛碛碛翅不满足规划尺度要求的浅区,并在右岸布置整治建筑物,归顺水流,加大航槽内流速,增加水流对浅滩过渡段的冲刷强度,确保挖槽稳定,并对下洛碛滩面及岸坡进行修复。

(4)长寿段为浅、险滩,主要为险,其治理思路为针对航道尺度不足的问题,开挖浅区,扩大航道有效尺度,针对水流流态差的问题,通过改变深潭结构改善水流条件。结合滩段泥沙输移特性及回淤研究成果,提出左右槽单向通航方案的治理措施,航槽尺度均为 4.5m × 100m × 1000m,入口段对肖家石盘、恶狗堆及鳗鱼石等礁石突嘴进行炸深,并筑 2 道潜坝解决肖家石盘前水流流态问题;右槽局部炸低横板石、磨盘石等礁石,开挖忠水碛右侧碛翅浅区;左槽开挖忠水碛左侧碛翅浅区,并在柴盘子深槽筑 3 道潜坝调整流速分布、流向,以改善流态。

(5)典型系列年内,广阳坝段泥沙淤积厚度基本在 0.5m 以内,净回淤量约为 5.52 万 m³,航槽内水深满足 4.5m 通航要求;洛碛段工程后航槽内淤积幅度在 0.42m 以内,航槽满足 4.5m 通航要求;长寿段典型年内忠水碛左汊受疏浚区回淤影响,航道内存在航深不足 4.5m,需对疏浚区局部区域进行维护疏浚,疏浚区年末回淤量约 1.7 万 m³。

(6)三峡变动回水区 4.5m 航道工程实施后全年区间航道通过能力可达 6.03 亿 t,较原先全年航道设计通过能力 5.09 亿 t 提高了 18.5%,且减小了控制河段对其航道通过能力的影响,故整治工程对朝涪段航道通过能力提升效果明显。

第6章
结语

三峡水库作为长江上游航运重要节点的水利枢纽,库区河道泥沙冲淤及其航道整治是三峡工程泥沙研究的重要课题之一。本书针对三峡蓄水后新水沙条件引发的一系列新问题(如:航道边滩扩展、深槽淤高、深泓摆动、航槽易位)开展研究,科学认识了新水沙条件下的卵砾石推移质输移规律,分析了三峡水库库尾航道变化趋势及特点,并提出了适应新航道变化形势下重点河段的治理维护技术。

在本书的研究中,通过采用室内试验与原型观测相结合的方式证实了音频法观测卵砾石运动的可行性,并开发了一种卵砾石输移压力与音频耦合的实时观测系统(GPVS)。试验证明该设备具备出色的可靠性,为深入认识卵砾石推移质运动机理提供了新的视角。此外,本文采用 Logistics 方程重构非均匀卵砾石推移质颗粒输移随机过程预测方法,实现了推移质输移率随时间变化过程的模拟。这项研究成果对于预测未来三峡水库库区卵砾石推移质输移规律,制定长期航道维护计划以及治理方案具有较强的实际指导意义。另外,本文通过对三峡库尾推移质输移特性的研究,构建了三峡库尾航道平面二维水沙数学模型,通过实测水沙资料与地形资料的验证,模拟了未来 30 年库区泥沙冲淤变化过程及其对航槽的影响,为航道维护与治理方案的制定提供了重要的科学依据。

同时,为了有效改善三峡变动回水区重点河段碍航的现状,本文结合变动回水区推移质运动规律成果,最终提出了碍航河段的治理措施,涵盖胡家滩、三角碛、猪儿碛的维护疏浚设计,广阳坝的治理措施,洛碛的疏浚措施,长寿的单向通航措施以及柴盘子深槽的潜坝调整等。这些措施的有效实施有望为长江上游航运的安全和高效提供有力支持。

总体来说,本书针对三峡水库库区卵砾石推移质运动规律的研究以及航道整治技术的探索,取得了较为显著的研究成果,也为三峡工程泥沙研究和长江上游航运的发展提供了有力支撑。在未来的研究和实践中,我们将持续提升卵砾石测量技术的发展,积累更多的实测资料,不断优化模型和方法,解决存在的问题,为三峡工程泥沙研究和长江上游航运的繁荣与发展作出更大的贡献。

参 考 文 献

[1] ADRIAN R J, MEINHART C D, TOMKINS C D. Vortex organization in the outerregion of the turbulent boundary layer[J]. Journal of Fluid Mechanics, 2000, 422:1-54.

[2] BÄNZIGER R, BURCH H. Acoustic sensors (hydrophones) as indicators for bed load transport in a mountain torrent[J]. Hydrology in Mountainous Regions I—Hydrological Measurements, 1990, 8:207-214.

[3] KREIN A, SCHENKLUHN R, KURTENBACH A, et al. Listen to the sound of moving sediment in a small gravel-bed river[J]. International Journal of Sediment Research, 2016, 31(3): 271-278.

[4] BARTON J S, SLINGERLAND R L, PITTMAN S, et al. Monitoring coarse bedload transport with passive acoustic instrumentation: A field study[J]. US Geol. Surv Rep, 2010, 5091:38-51.

[5] BELLEUDY P, VALETTE A, GRAFF B. Monitoring of bedload in river beds with an hydrophone: first trials of signal analyses [C]//River Flow 2010. Karlsruhe: Bundesanstalt für Wasserbau. S. 1731-1740.

[6] BERTONI D, SARTI G, BENELLI G, et al. Radio Frequency Identification (RFID) technology applied to the definition of underwater and subaerial coarse sediment movement[J]. Sedimentary Geology, 2010, 228(3-4):140-150.

[7] BOGEN J, MØEN K. Bed load measurements with a new passive ultrasonic sensor [J]. International Association of Hydrological Sciences, 2001:181-186.

[8] HABERSACK H. Use of radio-tracking techniques in bed load transport investigations[J]. IAHS-AISH Publication, 2003: 172-180.

[9] CLAYTON J A, PITLICK J. Spatial and temporal variations in bed load transport intensity in a gravel bed river bend[J]. Water resources research, 2007, 43(2):1-11.

[10] DENNIS D J C, NICKELS T B. Experimental measurement of large-scale three dimensional structures in a turbulent boundary layer. Part 1. Vortex packets [J]. Journal of Fluid Mechanics, 2011, 673:180-217.

[11] GEAY T, BELLEUDY P, GERVAISE C, et al. Passive acoustic monitoring of

bed load discharge in a large gravel bed river[J]. Journal of Geophysical Research: Earth Surface, 2017, 122(2):528-545.

[12] YU G A, WANG Z Y, HUANG H Q, et al. Bed load transport under different streambed conditions-a field experimental study in a mountain stream[J]. International Journal of Sediment Research, 2012(4):21-33.

[13] JULIEN B, KREIN A, OTH A, et al. An advanced signal processing technique for deriving grain size information of bedload transport from impact plate vibration measurements[J]. Earth Surface Processes and Landforms, 2015, 40(7): 913-924.

[14] MIZUYAMA T, LARONNE J, NONAKA M, et al. Calibration of a passive acoustic bedload monitoring system in Japanese mountain rivers[J]. Bedload surrogate Monitoring Technologies, 2010:296-318.

[15] THORNE P D. An overview of underwater sound generated by interparticle collisions and its application to the measurements of coarse sediment bedload transport[J]. Earth Surface Dynamics, 2014, 2(2):531-543.

[16] 窦国仁. 再论泥沙起动流速[J]. 泥沙研究,1999,6:1-9.

[17] 杜国翰. 枢纽工程泥沙研究与实践[M]. 北京:中国水利水电出版社,2008.

[18] 韩其为. 泥沙起动规律及起动流速[J]. 泥沙研究,1982,2:11-26.

[19] 韩其为. 水库淤积[M]. 北京:科学出版社,2003.

[20] 胡春宏. 水流中推移质颗粒跃移规律的力学和统计分析[D]. 北京:清华大学,1989.

[21] 胡江,杨胜发,王兴奎. 三峡水库2003年蓄水以来库区干流泥沙淤积初步分析[J]. 泥沙研究,2013,1:39-44.

[22] 黄万里. 论长江三峡大坝修建的前提[J]. 华东交通大学学报,1986(1): 9-18.

[23] 李丹勋,毛继新,杨胜发,等. 三峡水库上游来水来沙变化趋势研究[M]. 北京:科学出版社,2010.

[24] 刘德春,高焕锦,朱君国. AYT型砾卵石推移质采样器试验研究[J]. 人民长江,2003(7):26-27,37.

[25] 刘德春,周建红. 川江推移质泥沙观测技术研究[M]. 武汉:长江出版社,2012.

[26] 刘明潇,张晓华,田世民,等. 推移质泥沙输移研究回顾与展望[J]. 水运工

程,2013(5):26-34.

[27] 刘兴年,曹叔尤,黄尔,等.CRS-1 河流泥沙数学模型设计及其验证[A].李义天主编.河流模拟理论与实践[C].武汉:武汉水利水电大学出版社,1998:91-96.

[28] 刘兴年.砂卵石推移质运动及模拟研究[D].成都:四川大学,2004.

[29] 刘勇,张帅帅,何乐,等.长江上游卵石滩群平面形态及碍航特性[J].水运工程,2016(1):125-129.

[30] 陆长石.川江卵石滩成因分析[J].水利水运工程学报,1991,4:007.

[31] 苗蔚,陈启刚,李丹勋,等.泥沙起动概率的高速摄影测量方法[J].水科学进展,2015,26(5):698-706.

[32] 南京水利科学研究院.三峡工程170 和180 方案重庆河段悬沙二维数学模型的初步成果[A].水利水电部科学技术司.三峡工程泥沙问题研究成果汇编(160~180m 蓄水方案)[C].1988:162-170.

[33] 南京水利科学研究院.三峡工程回水变动区长模型175m 方案试验阶段报告[A].水利水电部科学技术司.三峡工程泥沙问题研究成果汇编(160~180m 蓄水方案)[C].1988:331-347.

[34] 泥沙专家组.长江三峡工程泥沙专题论证报告[A].水利水电部科学技术司.三峡工程泥沙问题研究成果汇编(160~180m 蓄水方案)[C].1988:1-12.

[35] 聂锐华,刘兴年,黄尔,等.卵石推移质输移脉动特性研究[J].四川大学学报工程科学版,2007,38(6):43-46.

[36] 聂锐华,杨克君,刘兴年,等.非均匀砂卵石推移质输移随机分布研究[J].水利学报,2012,43(S2):7-11.

[37] 清华大学水利工程系.三峡工程175-145-155 方案回水变动区重庆河段悬移质漏水冲淤试验研究(二)[A].水利水电部科学技术司.三峡工程泥沙问题研究成果汇编(160~180m 蓄水方案)[C].1988:218-229.

[38] 清华大学水利工程系.三峡工程175-145-155 方案回水变动区重庆河段悬移质漏水冲淤试验研究(一)[A].水利水电部科学技术司.三峡工程泥沙问题研究成果汇编(160~180m 蓄水方案)[C].1988:201-217.

[39] 孙东坡,高昂,刘明潇,等.基于图像识别的推移质输沙率检测技术研究[J].水力发电学报,2015,34(9):85-91.

[40] 王平义.弯曲河道动力学[M].成都:成都科技大学出版社,1995.

[41] 肖毅.河型转化影响因素及河型判别准则研究[D].北京:清华大学,2013.

[42] 许琳娟,曹文洪,刘春晶,等.图像处理技术在推移质运动颗粒参数提取中的应用[J].长江科学院院报,2017,34(01):1-5.

[43] 薛飞龙,宋丹丹,杜思材.卵石碰撞的声学特征分析[J].人民长江,2018,49(01):95-98,102.

[44] 杨胜发,高凯春.山区河流水沙运动规律及航道整治技术研究[M].北京:科学出版社,2014.

[45] 袁晶,许全喜,童辉.三峡水库蓄水运用以来库区泥沙淤积特性研究[J].水力发电学报,2013,32(2):139-145,174.

[46] 长江航道局,重庆交通大学.三峡工程试验性蓄水以来库区航道泥沙原型观测(2008—2013年度)总结分析[R].武汉:长江航道局,2014.

[47] 长江航道局,重庆交通大学.三峡工程试验性蓄水以来库区航道泥沙原型观测(2014—2015年度)总结分析[R].武汉:长江航道局,2014.

[48] 长江航道局,重庆交通大学.三峡库区航道泥沙原型观测2008—2009年度分析报告[R].武汉:长江航道局,2009.

[49] 长江航道局,重庆交通大学.三峡库区航道泥沙原型观测2011—2012年度分析报告[R].武汉:长江航道局,2012.

[50] 长江航道局,重庆交通大学.2007—2016年三峡库区泥沙原型观测分析报告[R].武汉:长江航道局,2016.

[51] 长江科学院.三峡工程变动回水区重庆河段模型175m正常蓄水方案试验阶段报告[A].水利水电部科学技术司.三峡工程泥沙问题研究成果汇编(160~180m蓄水方案)[C].1988:321-330.

[52] 长江科学院.三峡工程水库泥沙淤积计算综合分析报告[A].水利水电部科学技术司.三峡工程泥沙问题研究成果汇编(160~180m蓄水方案)[C].1988:94-124.

[53] 长江水利委员会水文局.2013年度三峡水库进出口水沙特性、水库淤积及坝下游河道冲刷分析[R].武汉:长江水利委员会水文局,2014.

[54] 长江重庆航运工程勘察设计院,重庆交通大学.三峡工程试验性蓄水以来库区航道泥沙原型观测(2008—2013年度)总结分析[R].武汉:长江航道局,2014.

[55] 赵志舟,吕娜.长江上游急弯分汊河段通航整治汊道选择[J].水运工程,2009,10:112-117.

[56] 赵志舟.长江上游弯曲放宽河段卵石浅险滩航道整治[J].港工技术,2010(4):29-32.

[57] 中国水利水电科学研究院.三峡工程重庆河段泥沙模型175m方案试验报告[A].水利水电部科学技术司.三峡工程泥沙问题研究成果汇编(160~180m蓄水方案)[C].1988:280-301.

[58] 钟德钰.泥沙运动的动理学理论[M].北京:科学出版社,2015.

[59] 周刚炎,高焕锦.中国和美国的推移质泥沙采样器野外比测试验[J].泥沙研究,2000(5):28-31.

[60] 周刚炎.沙推移质采样器的野外对比试验[J].水利水电技术,1991(9):14-21.

[61] 周昱瑛,刘信华,黄伟军.山区河流主要特性分析及滩险整治方法初探[J].水运工程,2005(1):50-54.